图2-10 元棕色罗花鸟绣夹衫

图2-11 元贴罗绣僧帽

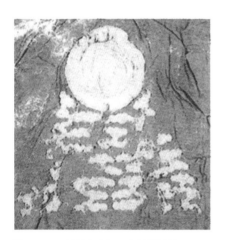

图2-12 元绫地盘金绣日月纹辫线袍

图3-1 元早期对龙对凤两色绫

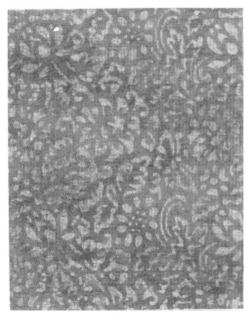

图2-13 元四季花卉印金罗

图3-2 元红地团窠对鸟盘龙织金锦

图3-7 元延佑七年八宝云龙纹缎

图3-8 元对龙对凤两色绫

图3-10 元如意云龙纹锦

图3-11 元如意云龙纹锦

图3-18 《元太祖狩猎图》中身穿龙袍的龙纹造型

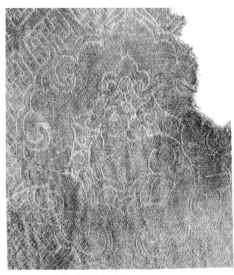

图3-21 元滴珠窠行鹿纹织金锦

图3-23 元紫地卧鹿纹妆金绢

图3-22 滴珠窠蹲鹿纹织金锦

图3-26 蒙元时期松鹿妆金绫胸背

图3-27蒙元时期缂丝残片

图3-29 元滴珠兔纹织金锦

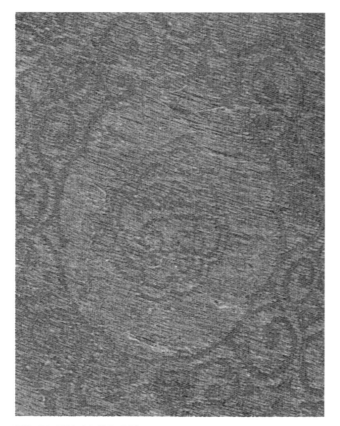

图3-30 元滴珠兔纹织金锦

图3-31 元团窠兔纹纳石失

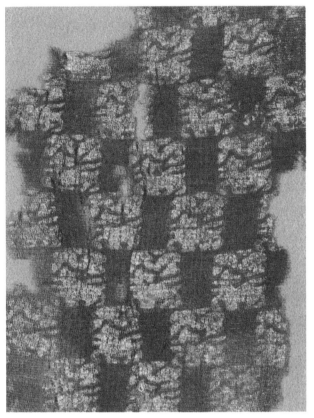

图3-32 元印金兔纹纱

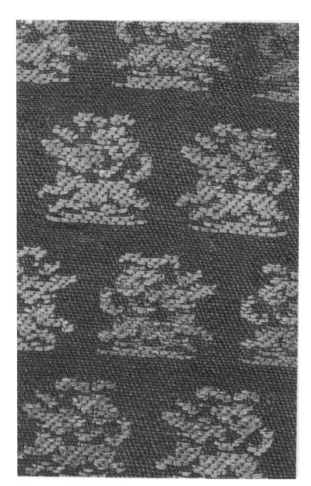

图3-33元代奔兔纹金搭子

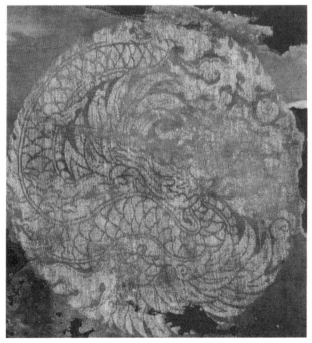

图3-36 蒙古时期团窠鱼龙纹妆金锦

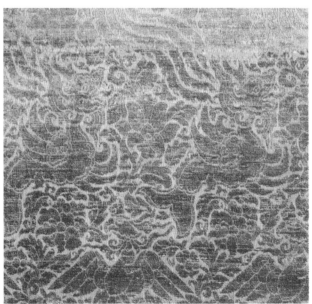

图3-37 元摩羯鱼凤纹织金锦

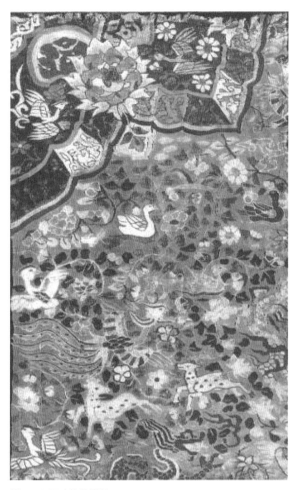

图3-43 元动物纹缂丝

图3-45 元刺绣双凤纹

图3-44 元动物花鸟纹刺绣元绢地平绣

图3-46 元滴珠窠凤鸟织金锦

图3-49 元凤穿花红地纳石失织金锦

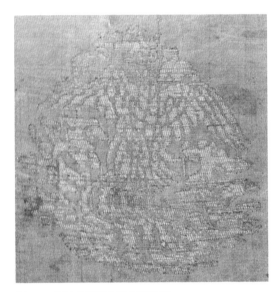

图3-47 元滴珠窠凤鸟织金锦局部

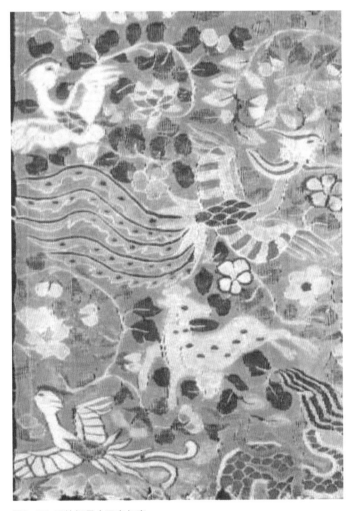

图3-53 元纺织品中凤鸟与鸾

图3-50 元织金锦凤纹

图3-54 元驼色地鸾凤串枝牡丹莲纹锦被面被头

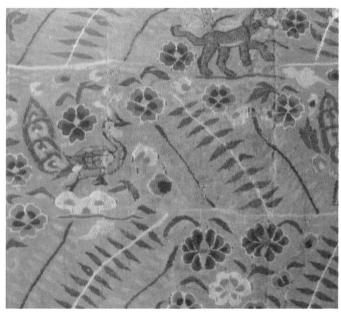

图3-56 元花地鸟兽缂丝

图3-58 元黑地团窠对狮对格里芬织金锦

图3-59 元对狮身人面织金锦

图3-62 元瓣窠对格里芬纳石失

图3-64 元团窠对鹰首格里芬纳石失

图3-66 元龟甲地瓣窠对格里芬彩锦

图3-69 元瓣窠对兽纹织金锦

图3-71 元蓝底樗蒲形窠内装饰对称怪兽局部

图3-73 元双头鸟织金锦

图3-72 元蓝底樗蒲形窠内装饰对称怪兽

图3-78 蒙元时期卷草地瓣窠对狮双头鹰锦

图3-80 元红地双头鹰纹锦

图3-82 元黑地对鹦鹉纹纳石失

图3-80 元红地双头鹰纹锦

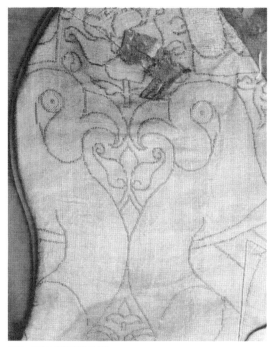

图3-87 元缠枝花卉锦

图3-85元对雕纹风帽

图3-88 元棕色罗花鸟绣夹衫中折枝牡丹花

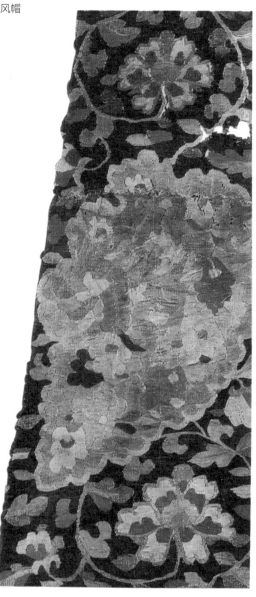

图3-89 元缂丝缠枝牡丹

图3-90 元棕色罗花鸟绣夹衫

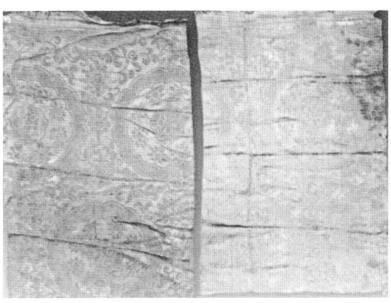

图3-91 元褐地绿瓣窠两色锦

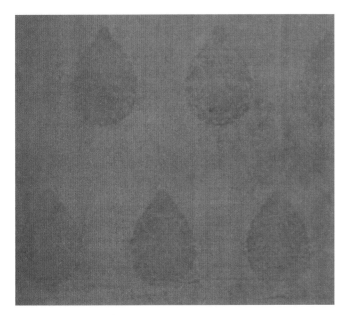

图3-92 元莲花纹妆金绢

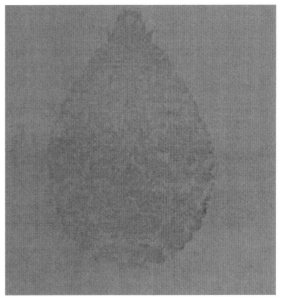

图3-93 元莲花纹妆金绢局部

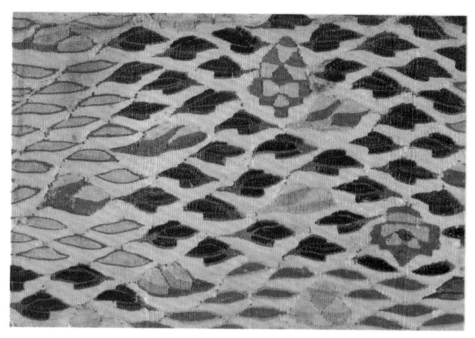

图3-94 元莲花纹缂丝

图3-95 元河北隆化鸽子洞出湖色绫地彩绣婴戏莲

图3-96 元球路纹朵花绢

图3-98 元明黄绫彩绣折枝梅葫芦形针扎

元代纺织品纹样研究

刘珂艳 著

本书由上海市设计学Ⅳ类高峰学科资助项目
智能可持续包装设计研究团队DESI7004资助

东华大学出版社
·上海·

图书在版编目(CIP)数据

元代纺织品纹样研究/刘珂艳著.—上海:东华大学出版
社,2018.8
ISBN 978-7-5669-1446-0

Ⅰ.①元… Ⅱ.①刘… Ⅲ.①纺织品—纹样—研究—中
国—元代 Ⅳ.①TS105.1

中国版本图书馆 CIP 数据核字(2018)第 169550 号

责任编辑 徐建红
封面设计 风信子

元代纺织品纹样研究
YUANDAI FANGZHIPIN WENYANG YANJIU

刘珂艳 著

出 版:东华大学出版社(地址:上海市延安西路1882号 邮政编码:200051)
本 社 网 址:http://dhupress.dhu.edu.cn
天猫旗舰店:http://dhdx.tmall.com
营 销 中 心:021-62193056 62373056 62379558
印 刷:上海盛通时代印刷有限公司
开 本:889 mm×1194 mm 1/16
印 张:13
字 数:460 千字
版 次:2018 年 8 月第 1 版
印 次:2018 年 8 月第 1 次印刷
书 号:ISBN 978-7-5669-1446-0
定 价:98.00 元

前　言

随着元代社会文化背景的变化,其纺织品纹样中出现了具有强烈时代特征的造型,但迄今为止还缺少全面的整理和系统研究。本书以现存元代纺织品装饰纹样为研究对象,根据题材对其进行分类,分析装饰纹样的造型、构图等形象特征,以及纹样所表达的寓意;并结合相关史料记载和其他工艺品中出现的同类题材形象,以及前后时期、周边地区和民族文化中出现的同类装饰纹样进行纵、横向纹样形象比较,勾勒出元代纺织品纹样的特点及发展脉络。

本书分为六章:

第一章绪论对选题意义、国内外相关研究现状及重要研究成果进行介绍和评述;对本文的研究内容、研究方法进行简单介绍;对研究对象的范围及概念进行界定。

第二章以文献为基础总结元代纺织品的生产及消费情况,概述元代纺织品的种类,为元代纺织品纹样研究提供背景材料。

第三章全面整理目前所知元代纺织品的装饰纹样,根据题材,分为兽类纹样、禽类纹样、植物类纹样、辅助纹样、几何纹样五个类别。纺织品纹样中兽类题材纹样主要有龙纹、鹿纹、兔纹和摩羯鱼纹;禽类题材纹样主要有凤纹、鸾鸟纹、孔雀纹、水禽纹、格力芬纹、双头鸟纹及对鸟纹等;植物类题材纹样主要有牡丹纹、莲花纹、梅花纹、菊花纹和水草纹等;辅助纹样主要有杂宝纹、云气纹、人物纹、文字纹等;几何纹样主要有琐纹、龟背纹、毯路纹和八搭晕纹。经过同类题材纹样的比较研究,归纳其纹样主要造型特征。

第四章归纳元代纺织品中图案构成形式,主要有散点排列、骨架排列、开光图案、纺织品用色四部分,其中散点排列分成并列式、错排式和对称式三种,骨架排列分成格子骨架、波纹骨架、缠枝骨架三种,开光图案分为团窠、滴珠窠、云肩、胸背四种形式。

第五章深入分析元代纺织品中出现具有时代特征的重要装饰纹样,将纺织品中纹样造型与元代其他工艺品中出现的同一题材形象进行特征比较;并将纺织品纹样特征与辽、金、西夏、宋、明等不同时期工艺品中出现的相同题材进行纹样造型比较,分析纺织品中纹样特征,探讨其历史源流,重点分析了龙纹、凤纹、春水、秋山、满池娇、牡丹纹、莲花纹。

第六章以文献为主、实物为辅,总结元代纺织品纹样中反映出的文化现象,进一步认识纺织品中纹样特征的文化背景。主要从中原文化和外来文化因素两个方面分析:中原文化因素对元代纺织品纹样的影响主要来自宋代文化、道家文化以及佛教的影响;外来文化的影响因素主要有西域游牧民族文化和中亚细亚文化因素的影响。

本书第三章和第五章是主要研究部分,也是本书的核心内容,主要研究结果如下:

1. 元代纺织品中的龙纹龙头偏小,颈部细长呈 S 形的造型特征受游牧民族藏传佛教、萨满教中对蛇崇拜的信仰因素的影响。

2. 元代纺织品中凤鸟尾羽有两种造型,分别表现雌与雄,其中卷草纹尾羽代表雄凤,数根长条齿边造型尾羽代表雌凰。凤鸟鹰嘴形象源于游牧民族狩猎生活,以及藏传佛教、萨满教影响。

3. 元代纺织品中"春水秋山"为金、辽、元流行纹样,其中"春水"表现游牧民族春季狩猎,猎捕天鹅、大雁的装饰题材;"春水"流行早于"满池娇","满池娇"南宋始有此名,水鸟主要为对鸳鸯和对鹭鸶,用于表现夫妻幸福美满之吉祥寓意。"春水"和"满池娇"纹样两者都以池塘小景为载体组织纹样,主要区别在水鸟形象和寓意不同。

4. 元代纺织品中鹿纹、兔纹形象受佛教、道教等不同文化影响,"春水秋山"中的"秋山"表现游牧民族秋季狩猎的场景,之后"秋山"题材加入松树、假山、灵芝花草等更多中原文化元素。

目　录

第一章

绪　　论

第一节 研究的缘起

元代是一个诸多矛盾因素并存的朝代,如多民族文化碰撞与融合、商业的繁荣与农业相对停滞、国家政权短暂与疆域辽阔等,这些不平衡的矛盾形成了元代特殊的文化背景,也形成了具有时代特征的装饰纹样。本书研究重点主要从现存蒙元时期纺织品上使用的装饰纹样进行题材分类,分析纹样造型特征,结合史料及不同时期相同题材纹样进行比较,深入分析纹样特征形成的原因。

一、元代纺织品纹样研究的意义

元代纺织品纹样研究是蒙元文化研究非常重要的一部分。目前元代纺织技术及元代艺术理论研究成果已取得斐然成绩,然而针对元代纺织品纹样研究还仅停留于造型描述,及织物纺织技术研究时附带分析的状况,缺少对元代纺织品中的装饰纹样进行系统整理和深入分析。元代纺织品纹样反映出当时多元文化交融的特色,中亚与中原织造技艺并存,以及大量加金织物的发现等体现在织造工艺方面的独特性;特殊的宗教信仰、民族融合、典章制度、技术发展、大众审美趣味、商贸经济刺激、上层社会的好恶,以及其他工艺品种的影响等都是纹样形成及发展的直接或间接因素。系统研究元代纺织品纹样,梳理元代纺织品纹样特色及其对元代以后纺织品纹样的影响,可成为一个了解元代文化的切入点,以帮助读者侧面了解元代社会政治、经济、文化、科技、艺术及海外贸易等各个方面,同时也为系统研究宗教信仰问题、民族融合问题、纺织技术发展等提供了一个理论支撑。

二、研究的材料及相关概念说明

元代纺织品纹样研究主要以实物资料、文献资料、图像资料为主要研究材料。以目前所发表的元代纺织品实物图片为研究核心,将实物图片进行归纳整理,发现纹样造型特征,归纳组织形式以及结合文化因素分析纹样所表现的含义。

实物资料主要来源于博物馆撰写的书籍、发掘报告上发表的实物图片。

文献资料主要包括发掘报告、史书、元杂剧等。

图像资料主要包括壁画、卷轴画、插图、雕塑、其他工艺品上的装饰纹样等。

本文选题年代包括"大蒙古国"(1206—1271 年)及"元朝"(1271—1368 年)两部分,以1206 年铁木真建立大蒙古国为上限直至元至正二十八年(1368 年)八月朱元璋率明军攻入元大都,元朝灭亡。选题区域,研究对象仅元代地域范围内出土的织物纹样,并不包括周边的钦察汗国、伊儿汗国、察合台汗国、窝阔台汗国地区在内。

第二节 元代纺织品纹样研究现状

一、国内学者研究概况

(一)元史研究情况

研究蒙元时期方面的课题,必然要涉及众多的民族交融、辽阔的地域问题。元史研究学者较关注的课题主要集中在社会史的研究:元代的政府制度、法律文书、城市、军事、财政制度和语言、民族宗教,以及元代戏剧等方面。

元史文献研究的基本史料有《元史》(1-15)([明]宋濂等撰)、《元典章》、《大元毡罽工物记》([元]佚名撰)、《碎金》、《南村辍耕录》([元]陶宗仪撰)、《草木子》([明]叶子奇撰)、《东京梦华录笺注》([宋]孟元老撰,伊永文笺注)、《女红余志》([元]龙辅撰)、《析津志辑佚》([元]熊梦祥撰)、《玉堂嘉话 山居新语》([元]杨瑀撰)、《黑鞑事略》([南宋]彭大雅撰,徐霆作疏)、《菽园杂记》([明]陆容撰)、《水东日记》([明]叶盛撰)、《三垣笔记》([明]李清撰)、《元史本证》([清]汪辉祖撰)、《马可波罗行记》等。

19世纪20世纪初,中国学者接触到中世纪欧洲和西亚史料,开始重视西北边陲的历史和相关的元史研究。在晚清时期就有许多学者热衷于元史的研究,如魏源在利用了外国资料的基础上著《元史新编》,使中国学者了解到国外丰富的蒙元史料,取得了代表性的成绩。之后屠寄编写《元史二种》之《蒙兀儿史记》对旧史纪作了很多补充,还增立列传四百余人及西域诸国传、蒙古色目氏族表,对史料和前人著述进行了仔细考订,订正了旧史及前人著作中的许多错误,并将增订的内容皆注明出处。同时,对资料的取舍、考订皆说明根据,统一了译名,便于读者审辨、复核。屠寄是我国最早系统地提出"蒙古源于东胡"的学者,此观点为多数中外学者所接受。柯劭忞著《新元史》和《新元史考证》(北京大学铅印版本),书中纠正了《元史》的部分错误,补充《元史》对世祖以前的事迹,还补充了北元时期的一部分历史,载述的截止时间延长到昭宗宣光八年(1378)。并增补了许多列传,阐述成吉思汗至蒙哥时期蒙古经营西域的内容、四大汗国盛衰兴亡的情况等。然而这两位都不懂外文,全依靠他人的翻译,因此受多方限制,书中仍有许多错误。

中华民国初年以后,蒙元史研究进入新的阶段。王国维、梁启超、罗振玉、陈寅恪、赵元任、李济、郭沫若等一批著名学者推动了史学的发展。王国维著《观堂集林》中对西域少数民族进行了考证,特别在史林第八章节对《元朝秘史》《蒙鞑备录》《黑鞑事略》书中蒙元历史等问题作了一定的考证分析。王国维《宋元戏曲史》从曲词研究角度来侧面了解元代百姓市井文化状况。陈垣著《元西域人华化考》,全书志在证明"西域人之同化中国"。书中对元时西域人的范围做了界定,并对"华化"的意义做了规定:"以后天所获,华人所独者为断",所以"或出于先天所赋,或本为人类所同,均不得谓之华化。"从儒学、佛道两教论证元时色目人的"华化"。书中还对元代诗文、词曲作了介绍,利用元代陶宗仪的《书史会要》和夏文彦的《土会宝鉴》对元代的书法、绘画和建筑进行了分析。陈寅恪的《元代汉人译名考》都是具有开创意义的著作。这些学者具有深厚的国学根底,并且在西方求学掌握了较好的对音堪同的译名还原法,通过实证史学研究,开辟了元史研究的新天地。此外著名历史学家冯承钧翻译了《马可波罗行记》、法国人格鲁赛撰《蒙古史略》、布哇《帖木儿帝国》、牟里《东蒙古辽代旧城探考记》等书为研究元史及蒙古史提供了重要资料。姚从吾先生对草原民族汉化问题的研究及吴晗、唐长孺等史学家的研究也都有显著成绩。

韩儒林是新时期元史研究的领军人物,在20世纪30年代留学欧洲,师从伯希和学习蒙古史、中亚史和中亚古文字,后又到伯林大学学习波斯文、蒙古文、突厥文、藏文等,回国后不辍耕耘在名物制度的考证方面做出了较大成就,如对蒙元史和西北民族史上各种制度的研究《蒙古答剌罕考》《元代阔端赤考》《突厥官号考释》等,后将部分旧作辑为《穹庐集》。并与南京大学元史研究室的中青年学者在1977年创办了学科第一个专门刊物《元史与北方民族史研究集刊》,此刊物在1990年出版至13辑时因经费问题而暂时停刊,直至2000年才得以复刊,改名为《元史及民族史研究集刊》,目前刘迎胜为主编,2008年出版此刊时已为第二十辑。此外,蒙思明著《元代社会阶级制度》也是20世纪60年代重要的研究著作。

文献的进一步整理和考古新发现,促进了元史的研究。中国元史研究会副会长刘迎胜著的《西北民族史与察合汗国史研究》《二十五史新编·元史》,陈高华、史卫民编著的《中国风俗通史元代卷》,陈高华撰写的《元史研究新论》,史卫民著的《元代社会生活史》等书成为20世纪下半期元史研究的重要著作。此外还有李幹撰写的《元代社会经济史稿》,书中分析了元代桑蚕和棉花的种植情况,以及元代手工艺经济、商业经济、海外贸易发展情况。罗贤佑著的《中国历代民族史——元代民族史》系统概括地展现了蒙古族的兴起、元代蒙古族与西北、东北、吐蕃、云南、湖广及东南沿海各民族间的发展关系。元史研究的成果为元代纺织品纹样研究做好充分的文化脉络、民族关系的梳理工作。

(二)元代纺织品纹样研究情况

目前对元代纺织品的研究侧重于纺织工艺,如织机、纺织技法、纺织品品种研究,纺织品纹样研究常作为论文中的次要部分表述,专门的断代纺织品纹样分析之前所做的工作较少,然而在纺织品技术研究过程中对纺织品纹样的零星分析,仍然是元代纺织品纹样研究的重要基础。

赵丰编著的《中国丝绸通史》(苏州大学出版社,2005年)从商周时期直到当代对丝绸做了系统的论述。该书第六章分析了元代丝绸生产技术、丝绸品种、艺术风格。总结元代纺织技术从理论著作和实际操作经验上都取得了进展。《农桑辑要》的编撰和发行推广了桑蚕技术,《梓人遗制》记载了当时丝织所用的织机,并说明其用材和功效。《多能鄙事》反映了元代丝绸染色技术的状况,以及明代《丹铅总录》中对元代印金工艺详细描述,都反映了元代纺织品生产日趋成熟。书中着重分析了元代重要的丝织品种织金锦和纳石失。从两者的图案、金线差异和幅面宽窄论述其区别。丝织品图案风格强调了西域特征、日月龙凤纹、达子图案和吉祥图案以及花鸟纹样的运用。赵丰编著的《中国丝绸艺术史》(文物出版社,2005年)对丝织品的织造技术、织物种类,以及艺术风格等方面进行了论述。赵丰、金琳编写的《纺织考古》(文物出版社,2007年)第五章分析了内蒙古汪古部活动区域发掘的四子王旗耶律氏陵园古墓、达茂旗大苏吉乡明水古墓、镶黄旗哈沙图古墓出土丝织品的组织结构和纹样造型,并对出土的服饰辫线袍、风帽作了细致描述和分析,对山东李裕庵夫妇墓、内蒙古集宁故城窖藏、甘肃漳县汪世显家族墓、内蒙古额旗黑城遗址、河北隆化鸽子洞窖藏、江苏苏州张士诚之母曹氏墓、四川重庆明玉珍墓出土的大量元代织物和服饰进行组织结构、图案复原分析及服装服用方式研究。赵丰发表于《文物》上的《蒙元龙袍的类型及地位》一文中分析龙袍类型的同时,也分析了龙袍上的纹样。云肩式龙袍中在袖、膝处都有一种带状纹样装饰,称为"袖襕"和"膝襕",是由专门的云肩襕袖机织造的,这种带状的装饰形式在元代的其他工艺品种,如青花瓷、金银器中也是常见的装饰纹样组织形式。从制作工艺上看,青花瓷器物在轮盘上刻画图案和金银器的焊接工艺都适合用带状纹样装饰。文中对团龙式龙袍、云肩和胸背式龙袍作了深入分析。赵丰的《辽代丝绸》(沐文堂美术出版社,2004年)一书通过大量的实物资料系统分析了出土的辽代丝绸的技术特征,并对纹样特征做了深入分析。由于辽与元都属游牧民族,并且频繁的战争必然使两民族文化相互融合,书中对辽式斜纹纬锦、缎纹纬锦的组织特征、发展关系的分析,暗花织物与并丝织法、伏综织成的斜纹织物、缂丝、纱罗、印染、刺绣、图案设计等内容的分析研究和大量的丝织物图片值得在元代丝织品的研究中参考和借鉴。

袁宣萍写的《元代的丝绸业》一文对元代丝绸产区的复兴与变迁、管营染织业的发展、生产技术的进步、花色品种,及加金织物的流行等元代丝绸业的几个重要方面进行了概述分析。其文《元代的罗织物》对山东邹县李裕庵墓和甘肃漳县汪世显家族墓中出土的实物资料分析,探讨元代罗织物素罗、花罗的结构特征和外观风格,对元代罗织物的学习研究很有帮助。

尚刚撰写的《元代工艺美术史》(辽宁教育出版社,1998年)织绣印染与陶瓷在书中作为重要的工艺美术分析品种,从文献和实物的角度详细分析了元代纺织品的生产格局情况,以及元代著名纺织品种和部分装饰纹样。书中详细整理《元史·百官志》所载官府工艺美术作坊及主管机构登记表，中央和地方负责染织绣的作坊。通过尚刚的研究整理工作，可以从中了解当时政府设置负责染织绣管理部门的情况，如名称、官品、具体负责事物，还可以从地区部门的设置了解到不同地区纺织品的特产和当时主要纺织品种。书中分析了元代织金锦中的纳石失和金段子在服用对象、图案风格、幅面宽窄、棉纬的有无、金线的差异等方面，以区别纳石失和金段子的不同纺织品种，书中还分析了元代部分装饰图案，如吉祥图案、杂宝、云纹等。此外尚刚还专门撰文分析过元代满池娇纹及流行原因和元代的织御容，如《鸳鸯鸂鶒满池娇——由元青花莲池图案印出话题》《蒙·元御容》《元代丝织物的用色与图案》《元代丝绸若干问题》《有意味的支流——元代工艺美术中的文人趣味和复古风气》。论文《元代丝织物的用色与图案》文章分析了元代纺织品中白、青、褐三色流行的原因、时间和范围。元代纺织品中花卉纹、禽兽纹、几何纹、吉祥图案等题材的流行，以及伊斯兰文化和蒙古族文化民族元素在纹样中的表现。《元代织金锦和刺绣》文中分析了织金锦品种和纹样，还利用文献史料对刺绣的纹样品种做了分析，并认为刺绣对元青花瓷的纹样设计影响很大。其作《纳石失在中国》一文解释了纳石失的名称是波斯语的音译，来源于阿拉伯语系。通过文献记载探寻蒙元时期纳石失在中国的生产情况，认为当时纳石失制作作坊大约有 5 所，其匠户主要来自西域并以回回[1]为主，文章从图案风格的差异、棉纬的有无、金线的差异和幅面宽窄的不同来进一步区别纳石失和金段子的异同。尚刚认为纳石失只在官府作坊生产，而金段子在官府、民间都有生产，两者都既属于片金锦也属于捻金锦。《撒答剌欺在中国》一文中认为隋唐时期撒答剌欺为西陲民间织造，时至辽金撒答剌欺已深入中国东部成为官府产品，文中简要分析了图案特征，认为元灭亡后因朱元璋厉禁胡风撒答剌欺生产终止，在中亚和中国生产近 800 年时间。

吴明娣撰写的《汉藏工艺美术交流史》（中国藏学出版社，2007 年），书中对杂宝纹做了较深入的分析。杂宝纹常与七珍、八宝、八吉祥、杂宝等装饰图案混淆而谈。杂宝纹在元代瓷器和丝绸装饰中较为流行，构成杂宝图案的各种宝物有来自藏传佛教的八吉祥、七珍和道教宝物及钱币等。在藏族七珍中犀角和象牙两者形象是有区别的，犀角一般单个出现，而象牙则成对组合。七珍纹中的三种耳饰常呈双菱形、双环形、银锭形（有时交叉呈 X 形），与中原方胜、玉钏、双钱、银锭、金锭形态相近。出现在宋元装饰纹样中的七珍往往缀饰珍珠，这在藏族装饰中表现得十分明确，在元代丝绸杂宝纹中的七珍，与藏族七珍形态较为接近。内地明清丝绸图案、瓷器装饰中七珍有不同的变化，不是严格按照藏族七珍形态表现，随意性较强。最终七珍演变成融汇汉藏、佛道装饰于一体的杂宝（也称八宝）。指出"卐"原本是藏族传统装饰，西藏日土县原始岩画上就已出现了"卐"。书中分析了藏传佛教艺术对内地丝绸的影响。宋代丝绸装饰中出现的由七珍和"卐"等组成的杂宝图案至元代更加风行。在西藏传世的中原织锦和中原墓葬出土的丝织品上，均可以发现与宋代杂宝纹相近的装饰。作者发现元代珠焰橐兔纹丝织品上主纹旁的辅助纹样中即有宝杵纹，受丝织工艺限制，其形象不够准确，但与北京元代铁可墓出土的铜镜上的宝杵纹相对照，就能加以辨识。元代银盘及青花瓷器上也出现了宝杵纹。这些都是元代工艺美术受藏传佛教装饰影响的具体表现。

（三）元代绘画、雕塑及其他工艺美术研究情况

目前研究元代人物画、山水画、墓室壁画和建筑雕刻、人物雕塑、墓俑等方面已取得一定的研究

---

[1] 13 世纪初叶，蒙古军队西征期间，一批信仰伊斯兰教的中亚人以及基督徒、犹太人，迁徙至我国。他们主要以驻军屯牧的形式，以工匠、商人、学者、官吏、掌教等不同身份，散布在我国各地，被称作"回回人"。

成果,但热点聚焦在书画艺术研究,如:元四家及元代文人画。元代工艺美术方面较关注的是元代青花瓷和金银器研究,其纹样题材研究成果也是元纺织品纹样的研究基础。

纺织品纹样的表现除了纺织技术支撑来实现,研究还需要建立在宽广的文化基础上,结合同时期其他工艺品纹样发展及绘画、雕塑等艺术品发展的共同时代背景之层面来分析。近现代随着元代工艺美术品实物的不断发现,元代工艺美术品的研究亦取得了新发展。由于元青花瓷在国际上炒作的天价拍卖,以及元代丝织品难于保存,织物实物较瓷器少等诸多原因,使得前期对元青花瓷的研究关注度远远高于对元丝织品的研究。然而一个时代的任何工艺美术品纹样的发展都是建立在当时人们的审美、经济、文化状况,及工艺品的技术发展等社会背景基础之上的,因此目前元青花研究专家的研究成果,特别是对元青花纹样的研究,对元代纺织品纹样研究具有重要参考价值。元青花瓷器中龙凤、花鸟、瓜果、鱼虫、戏剧人物、云肩、八宝等装饰纹样,及带状和开光式构图等也同样出现在元代纺织品纹样装饰中。《托普卡比宫的中国瑰宝——中国专家对土耳其藏元青花的研究》(北京燕山出版社,2003 年)一书,专家对这批元代中国外销瓷的图案都做了详细描述和分析。这批保存完好的元青花除了器形大的特色外,其细密图案装饰风格、生动的动植物和戏剧人物装饰题材以及宗教元素的表现,纹样流畅的用笔是瓷器最为显著的特点。书中近现代中国古陶瓷研究的重要专家如刘新园、汪庆正、费伯良、李炳辉等都对青花瓷纹样的题材进行分类、构图、用笔等方面的分析。中国古陶瓷研究所所长刘新园先生一生关注元青花研究,其撰写元青花研究成果是该研究领域重要基石。李德金、蒋忠义、关甲堃撰写的《宋元彩绘瓷》一文中对景德镇、磁州窑、吉州窑的彩绘瓷装饰纹样进行了绘制整理和分析。李辉柄《中国美术分类全集——中国陶瓷全集元》、陈永志《内蒙古集宁路元代古城出土的青花瓷器》、吴永存《元代纪年青花瓷器再研究》、李铧《洪武民窑青花园器的研究》、穆青《元明青花瓷器边饰研究》、汪庆正《景德镇以外的元代瓷器》、陈克伦《多元文化因素对元瓷造型影响简论》、周丽丽《略论元代龙泉瓷器上的几种特殊纹样》,以及林梅村《元宫廷石雕艺术源流》等文章都对元青花瓷装饰纹样进行了深入研究。

绘画、雕塑等艺术研究参考书籍很多,如杜哲森《元代绘画史》(人民美术出版社,2000 年)、熊文彬《元代藏汉艺术交流》(河北教育出版社,2003 年)、于小冬《藏传佛教绘画史》(江苏美术出版社2008 年)、鄂内哈拉·苏日台编《中国北方民族美术史料》(书中第八章元代北方民族美术),陈传席《中国山水画史》(书中分析了元代山水画的特殊性及其社会根源),传统画论书籍《宣和画谱》《历代名画记》,以及图像学研究方法书籍曹意强《艺术史的视野——图像研究的理论、方法与意义》和元代文学分析书籍李修生《元杂剧史》《金元词纪事会评》等,皆诠释元代艺术文化背景。

(四)实物图片资料

根据实物出土报告,结合纺织品、毛织品、刺绣、缂丝、青花瓷、金属器、绘画,插图、雕塑等实物图像资料和图像学研究方法资料进行研究。

主要为《中国美术全集 印染织绣 上·下》《中国美术全集·元代卷》《中国雕塑全集》《中国丝绸通史》《中国丝绸科技艺术七千年》《辽代丝绸》《丝织品考古新发现》《丝绸之路 5000 年中国丝绸精品展》《黄金·丝绸·青花瓷——马可·波罗时代的时尚艺术》《元代人物画》《敦煌莫高窟·五》《安西榆林窟》等。

(五)相关学位论文

主要有杨玲博士论文《元代丝织品研究》(南开大学,2001 年),此篇论文主要侧重于元代丝织的制造技术、织物品种研究。李敏行博士论文《元代墓葬装饰研究》(南开大学,2007 年),此篇论文分析了墓葬中的装饰内容和布局,反映出当时的服饰、酒茶文化、建筑居室。卢辰宣博士论文《织金织物及织造技术研究》(东华大学,2004 年),此篇论文中对纳石失、织金锦及印金织物的研究值得借鉴。谷莉博士论文《宋辽夏金装饰纹样研究》此篇论文对宋辽夏金装饰纹样的收集整理工作值得参考。此外还有数篇研究元代装饰纹样的硕士论文,如裴元生《元明时期景德镇窑瓷器"云肩纹"发展研究》、施茜《元青花的造型与纹饰》、徐琳《元代钱裕墓出土的"春水"等玉器研究》,茅惠伟《蒙元时期(1206—1368)丝织品种研究》(浙江理工大学,2006),对于元代装饰纹样都有一定的分析。

(六)重要展览及会议论坛

2002 年台北"故宫博物院"举办了《大汗的世纪——蒙元时代的多元文化与艺术展》,同时出版了《大汗的世纪——蒙元时代的多元文化与艺术》一书。

2003 年美国大都会博物馆举办了"成吉思汗的遗产:庄严的艺术和文化展",展出了从 1256 年至 1353 年西亚的文化遗迹。

2004 年北京大学赛克勒考古与艺术博物馆举办了"大朝遗珍精品展"。

2005 年"黄金·丝绸·青花瓷——马可·波罗时代的时尚艺术"专题展览在中国丝绸博物馆展出;同时,中国丝绸博物馆和清华大学美术学院共同举办了"丝绸之路与元代艺术"国际学术研讨会。展览展出了 60 余件套珍贵展品,探讨会论文集还收录了 32 篇论文。关于纺织品和服饰的论文有:赵丰的《蒙元胸背及其源流》一文,根据文献和图像资料分析蒙元胸背的制作工艺及装饰题材的来源与对后世的影响。扬之水的《"满池娇"源流——从鸽子洞元代窖藏的两件刺绣说起》,根据鸽子洞窖藏出土的护膝和枕顶两件刺绣纹样,结合文献证明满池娇纹样源于"春水"图;而柯九思的《宫词》中对"满池娇"的命名,透露出纹样融合了游牧与中原两种文化。还有苏日娜的《蒙元时期蒙古人服饰的原料及形制》,孙慧君的《隆化鸽子洞出土两件元代织绣饰物定名初探》,朴文英的《元代缂丝研究》,郑巨欣的《黄金和元代丝绸印花》,罗群的《元代纹锦被面的组织特色和织造工艺》,都对元代纺织品组织结构及织造工艺作了深入分析。有关元代服饰论文有:王业宏的《蒙元女装的基本类型及穿着方法》,林健的《漳县元汪氏家族墓出土冠服新探》,崔圭顺的《元世祖出猎图所绘世祖服装考》,贾玺增的《罟罟冠形制特征及演变考》,金琳的《浅议蒙元辫线袄的制作工艺》,楼淑琦的《元代服饰工艺及修复的介绍》,都对元代服装式样及制作工艺做了具体分析。元代装饰纹样研究的相关文章有齐东方的《"黄金部落"与蒙元金银器》、尚刚的《苍狼白鹿元青花》等。尚刚在《苍狼白鹿元青花》中,通过蓝白织物数据的统计及蒙古祖先传说分析了元人尚青尚白的原因,通过不同工艺品种对九和七数字的关注,分析热衷九、七数字的起因,以及出现特殊的麒麟、独角兽、云肩、满池娇装饰题材原因。杨玲、杨俊艳的《土耳其托普卡比博物馆藏元青花大盘的比较研究》一文中主要对馆藏青花大盘的装饰纹样进行分析研究,指出在布局构图和装饰方法上的特色,并对盘心图案(莲池水景纹、龙纹、凤纹、竹石瓜果纹、庭院景物纹、鱼藻纹、菊纹)、内壁辅助纹样(缠枝莲纹、缠枝牡丹纹)、口沿辅助纹样(海水纹、菱格锦纹、栀子花)进行了造型描述和出现数据统计。

二、国外所藏元代丝织品概况

袁宣萍撰写的《保存在日本的宋元丝织品》一文中列举了 5 件现藏于日本的元丝织物。如日本镰仓月觉寺收藏的刺绣供台台布实物,据说为该寺高僧(1226—1286)用物。台布长 216 厘米,宽 143 厘米;四周镶一圈较阔的蓝色丝织物缘边;中间由篮、浅蓝、朱红、浅红、黄、淡黄等色的缎织物以菱形一块块拼缀而成,菱形中以环套针法绣出灵芝云、双蝶、芙青叶、莲花、花果和其他纹样,在刺绣部位织物上衬有一层金箔。类似的环针绣法还见于金刚寺的一块供台台布(现藏东京国立博物馆),据传为大德寺高僧(1282—1337)所穿的一件袈裟上的衣片。纹样为满地紧密排列的灵芝云纹,织物地部有隐约菱纹,文中指出与元代集宁路古城遗址出土的一件印金袍纹样相似。

现藏于京都西郊妙光寺中的一件"九条袈裟",长345厘米,宽137厘米,上有"永仁二年十二月十日(1294)"的墨书题记,这件袈裟有两种不同织物材料,一种纹样和组织具有日本风格;另一件是具有中国菱织物优美特征的山茶花纹样,为斜纹底上起斜纹花,与南宋黄升墓出土的实物十分接近。

现藏于东京国立博物馆的一高僧袈裟(1311—1388),长270.6厘米,宽101厘米。袈裟由不同技术制成的几种织物拼接制成。有紫色罗地上印金,纹样为牡丹藤蔓卷草纹,边缘镶已褪色的棕色罗地印金织物,纹样为密集的树叶。

现藏于京都感恩院的一件刺绣袈裟,长116厘米,宽308厘米。据传为高僧于1167年从中国带回日本。文中还指出这类织物针法通常见于南宋或元代早期的织物上。文中指出日本收藏的同时期的中国织物还有一些,尤其以织金锦最为精美。另在西藏发现的年代约为13世纪的一批织金锦也有部分珍藏在日本。

此外美国收藏实物较多,如纽约大都会博物馆藏缂丝曼陀罗唐卡、风穿花红地织金锦、"寿"字云纹缎,美国克利夫兰博物馆藏红地双头鸟织金锦、瓣窠对兽纹织金锦、黑地团窠对狮对格里芬织金锦、摩羯鱼凤纹织金锦、团窠四兔织金锦。德国柏林工艺美术馆、德国比勒费尔德纺织品博物馆藏黑地对鹦鹉纹织金锦,瑞士阿贝格基金会藏双头鸟织金锦等。

俄罗斯由于在伏尔加、顿河流域北高加索地处发掘了一些13—14世纪中叶的游牧民族丝织品和服饰,在俄罗斯纺织品学者的研究论著中也间接的涉及元代纺织品纹样的研究内容。此外还有一些海外私人收藏实物。

三、研究局限

元代纺织品纹样研究必须结合文献资料、当时的政治文化背景、纺织技术的发展,以及同时期的其他工艺美术技术及宗教、文化交流等方面的影响进行纵横向比较才能还原元代纺织品中装饰纹样的全貌。因此对元代纺织品纹样相关资料的整理以及对资料的合理系统的分类尤其重要。其次,元代多民族文化交融的时代特色,对宗教信仰自由的开放政策丰富了元代纺织品纹样形成的文化因素,需要将两方面的工作相结合,对纹样进行合理系统的分类,并建立纵向、横向比较系统,分析其纹样发展的流变。

第三节 研究内容、方法及创新性

一、研究内容

本书主要以蒙元时期纺织品上的装饰纹样为研究对象,这些纺织品主要发现于元代地域范围内以及各博物馆、私人收藏蒙元时期在元代境内织造的纺织品。主要研究内容包括以下四个方面:

① 对元代纺织品生产消费及当时的织物品种进行分析,全面掌握元代纺织品种的发展状况。

② 按题材分类整理元代纺织品装饰纹样。通过整理纹样发现纹样造型特征,归纳纹样构图形式。根据纹样的装饰题材分为神兽类、禽鸟类、植物类、组合类、辅助纹样,以及纹样的构图形式和用色情况。

③ 对于元代纺织品中重要装饰主题,如:龙、凤、春水秋山等装饰纹样将与其他工艺美术品种出现的图案进行对比,同时注意朝代上的纵向比较以及地域上的横向比较,发现图案的共性与特性,并

结合史料深入讨论。

④ 分析元代纺织品纹样所反映出的文化因素,探讨其历史源流。

以上四个内容重点在本书的三、四、五章叙述,基本遵循从小到大、由点及面逐渐深入的规律,先从纺织品纹样入手,找到纹样造型特征再加入其他工艺品种进行比较,最后是纹样形成的文化因素和历史背景。

二、研究方法

本书主要采用文献研究法利用实物、文献和图像资料进行分析研究。在实物研究的基础上利用图像资料进行对比研究,并结合文史资料进行考证。

三、研究的创新性

元代纺织品纹样的系统研究是元代纺织品研究的一个重要部分,对进一步了解元代装饰审美趣味,理清装饰纹样发展脉络,以及了解元代不同民族、宗教文化交流情况都将起到促进作用。

本书将以往该领域研究成果进行系统整理,从元代历史文化背景,纺织品的生产、品种类型,以及纺织品消费方面进行综合性阐述,梳理元代纺织品纹样形成社会背景。在研究过程中注意使用新资料,以及引证图像的多样性、可靠性及准确性。本书有三个创新点:

① 整体内容上,文章对目前所发现元代纺织品纹样全面收集整理,通过归纳使不同地区较为零散的纺织品纹样构成系统性,通过题材分类比较找出了不同题材纺织品纹样的形象特征。

② 研究方法上,文章结合前后时期纺织品纹样的造型特征和辽、西夏或其他民族的纺织品纹样特征的比较,与同时期其他工艺美术品种出现的纹样进行对比,结合工艺技术发现纹样的共性与特性,理清了元代纺织品纹样发展演变的基本脉络。

③ 文章深入分析元代纺织品中具有代表性的纹样,得出了一些新的结论。

· 分析龙纹姿态、纹样组合及构图形式,归纳龙纹造型特征,以及与游牧民族对蛇崇拜的信仰因素之间的关系。

· 分析凤纹形象特征,元代凤鸟以两种造型尾羽表现雌与雄,凤鸟嘴部具有鹰嘴形象特征,源于鹰为游牧民族狩猎必要工具,以及来自藏传佛教、萨满教影响。

· 梳理"春水秋山"中"春水"与"满池娇"纹样的发展脉络,以及两者形象的异、同点。

· 分析鹿纹、兔纹形象特征,梳理"春水秋山"中"秋山"题材发展脉络,以及鹿纹、兔纹中来自佛教、道教等不同文化影响。

第二章

元代纺织品的生产与消费

第一节　元代纺织品的生产

元代主要服用面料为丝、棉织物，其次有毛、麻织物。"大蒙古国"时期的手工业发展较为原始，手工艺匠人社会身份为工奴，入元以后工匠地位明显提高，有了户籍，并且逐渐发展成熟，形成了不同类型的手工业，如官府手工业、民间手工业、寺观手工业、贵族官僚手工业等。元代贵族为了国家经济贸易的发展需要以及满足其奢靡生活方式，对臣僚大量赏赐，官方非常重视贵重工艺品生产，不仅全国征集优秀工匠组建庞大的官营作坊，民间也成立有私营作坊，如在重要丝绸生产中心江南地区元末明初还出现了雇佣生产模式。[1]此外，元代寺院地位高，具有一定的经济实力，能够独立经营一些手工业生产，也促进了民间工艺品生产。纺织品作为人们日常生活必须之物，成为元代工业发展的对象，刺激了元代纺织品生产发展。

一、元代丝织品的生产

据赵丰《元代蚕产业区初探》一文分析，元代蚕产业区分布主要集中在黄河中下游和长江下游两大区域，长江下游又集中于太湖流域一带，四川盆地虽经唐宋发展也是一重要蚕产业区，但在元代大大衰落，说明太湖流域一带是元代丝织品生产的主要区域。

元代官方对丝织物的织造非常重视，仅《元史·百官志》记录已有65所丝织作坊。元代设有官方负责织造部门，如工部、户部以及将作院、中政院等众下设系统，[2]同时也有民间私营工匠作坊，如杭州、苏州设有一定规模的私营丝织作坊，并伴随出现雇佣劳动关系。元朝政府颁布保护桑蚕业的发展政策，"世祖继位之初，首诏天下，国以民为本，民以食为本，衣食以农桑为本。于是颁《农桑辑要》之书于民，俾民崇本抑末。其睿见英识，与古先帝王无异，岂辽、金所能比哉？"[3]"二十九年，以劝农司并入各道肃政廉访，增佥事二员，兼察农事。是年八月，又命提调农桑官账册有差者，验数罚俸。"[4]将农桑种植业发展作为地方官员业绩考核内容，由于桑树的普遍种植进而保证了丝织品的生产织造。

二、元代棉纺织品的生产

棉布生产在元代得以推广和发展，当时北方的棉花种植中心在河南、河北；南方主要在长江三角洲一带，如苏州、上海松江、杭州等地。棉纺织生产中心由福建、两广发展至川湖江淮广，并且通过对外通商渠道将棉产品输入东到朝鲜、日本、南到印度和南洋各地，西南通阿拉伯、地中海东部，西边远到非洲。[5]棉花纺纱织布不仅经济实惠，而且经久耐穿，逐渐成为贫苦百姓的重要服饰面料，"木棉收千株，八口不忧贫"。[6]棉布的织造技术也有了很大提高，著名代表人物松江乌泾人黄道婆，在早年沦落崖州时期学习了当地的纺织技术，元贞年间（1295—1297年）回到松江，将整套棉纺织技艺及先进生产工具传授给邻里，大大提高了松江棉布织造水平，使得松江布名传天下。[1]棉布图案主要靠织造和印染展现，由于缺乏实物资料，我们对元代棉布装饰图案的了解主要

[1]　赵丰.中国丝绸通史[M].苏州：苏州大学出版社，2005：327.
[2]　尚刚.元代工艺美术史[M].沈阳：辽宁教育出版社，1999：45.
[3]　［明］宋濂.元史·卷九十六·食货志四·农桑[M].北京：中华书局，1976.
[4]　［明］宋濂.元史·卷九十六·食货志四·农桑[M].北京：中华书局，1976.
[5]　李幹.元代社会经济史稿[M].武汉：湖北人民出版社，1985：137.
[6]　陔余丛考·卷三十：木棉布行于宋末元初.

依靠文献记载。

1954 年在北京双塔庆寿寺海云和尚(1202—1257)塔基下发现棉布僧帽,采用经线密为 44 根/厘米、宽 0.15 ~ 0.2 厘米;纬线密 20 根/毫米、宽 0.4 厘米,精工织造而成。[2]此僧帽为目前国内仅见的一件元代棉织僧帽。

三、元代毛纺织品的生产

蒙古游牧民族以畜牧业为生,加上北方气候严寒,导致毛制品业特别发达,毛制品成了日常生活中必不可少的物品,蒙古民族传统手工业制品主要有毡、毯、革,以及大量皮毛制品。用羊毛、驼毛等擀压制作的毛毡不仅可以服用,还可以搭建帐篷、用于蒙车、室内铺陈,据《大元毡罽工物记》记载,当时毡毯名目有 20 余种。[3]入元以后,毛纺织品生产仍然受到统治者重视,元代官方毛织物作坊有 16 处,如毛段局、毛子局、异样毛子局等。[4]由于毡毯是擀制的无纺布,装饰主要靠颜色以及刻花、拼缝工艺表现,受工艺限制不可能制作非常细密的装饰纹样,装饰题材多为山水、楼阁、花鸟、人物、动物、云纹等。[5]据对元代毛毯描述,其制作精美,可惜实物保存有限,难以了解全貌。但伊斯兰世界的织毯技艺时至今日都华丽细密,为世人赞叹。

第二节　元代纺织品分类

一、简单组织丝织物

(一) 平纹绢

约在魏唐时期,绢成为一般平纹类素织物的通称,织物为经纬线一上一下交织而成(图 2-1)。

图 2-1　平纹绢

[1]　尚刚.元代工艺美术史[M].沈阳:辽宁教育出版社,1999:130.

[2]　刘秀中.元代棉织僧帽[J].中国文物报,1994(10):30.

[3]　佚名.大元毡罽工物记·杂用·延祐二年.(影印)

[4]　尚刚.元代工艺美术史[M].沈阳:辽宁教育出版社,1999:134.

[5]　田自秉.中国工艺美术史[M].上海:东方出版中心,1985:268-269.

蒙元时期平纹绢纬线略粗于经线,基本不加捻,例如在内蒙古达茂旗大苏吉乡明水墓出土有褐色绢、黄色绢片,甘肃漳县汪世显家族墓出土的棕色绢、河北隆化鸽子洞窖藏元代蓝色绢等。一般经线密度在35～55根/厘米,纬线密度在30～50根/厘米。

(二) 斜纹绫

绫也是元代主要服用织物品种(图2-2),主要有异向绫、同向绫、缎花绫、特殊绫织物。元代四枚异向绫较多,同时也有少数的六枚异向绫。同向绫主要流行于唐宋时期,元代也有少量同向绫出现。山东邹县李裕庵元墓中出土的深驼色荷花鸳鸯暗地花绫夹裙,内蒙古达茂旗明水乡出土的缠枝菊花飞鹤花绫为同向绫。缎花绫以斜纹地、缎组织显花。在新疆盐湖古墓、山东邹县李裕庵元墓、甘肃漳县汪氏墓均有缎花绫出土。特殊绫织物,如河北隆化鸽子洞窖藏褐白菱格绫经线为褐色、纬线为白色,以3/1变化斜纹显示花纹,形成菱纹格。元代集宁路古城遗址出土的组织为3∶1/1∶1的素绫。

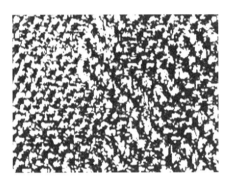

图2-2　斜纹绫

(三) 缎

缂丝,又称注丝,后世称为缎(图2-3、图2-4)。元代缂丝技术的成熟与推广被认为是元代丝织的一大贡献。由于缂丝表面浮长较长,显得光滑、平整、亮泽,深受统治者的喜爱(图2-5)。鸽子洞元代窖藏中还出土了先染后织工艺织造的深蓝色正反缎,据记载元代生产暗花缂丝和素缂丝,缂丝由于织造费料所以后来逐渐改为平绫。元代出现的五枚缎,如山东邹县元墓出土的梅雀方补袍中的方补,组织为4/1SZ斜纹地、起乌梅三飞纬面缎花。暗花缎,如四川明玉珍墓出土的赤黄素缎袍料。目前所知最早的缎织物出现于江苏无锡钱裕墓,出土了大量的五枚正反缎。[1]

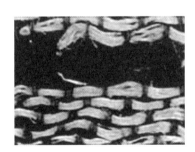

图2-3　缎纹纬锦组织正面

图2-4　缎纹纬锦组织背面

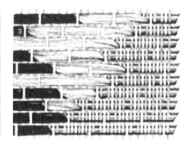

图2-5　缎纹纬锦组织结构图

(四) 罗

方孔为纱,交孔为罗(图2-6)。《舆服志》载罗的品种有素罗、暗花罗、二色罗、销金罗、刺绣罗等

[1]　赵丰.中国丝绸通史[M].苏州:苏州大学出版社,2005:358.

多种名目,并且出现了罗中加金技术。实物主要出现在山东邹县李裕庵墓、甘肃漳县汪世显家族墓。南宋文化中心南移,夏日气温升高,透气的罗织物受到百姓的欢迎,宋元时期织罗工艺已十分发达,元人薛景石所著《梓人遗制》书中绘制罗机子的具体构造,认为主要是用于织造素罗。元代罗织物应用十分广泛,据《元史·舆服志》记载,元代皇帝、大臣的礼服中,袍、裙、裳、蔽膝、中单、绶带等均用各色罗织物制作,仅在领、袖、襕等处用绫织物包边。百官公服也用罗,并按其尊卑等级规定不同纹样和色彩。元代罗织物的发展为明代织物发展进入高峰期做铺垫。

素罗,有单丝罗即1:1二经绞罗,将经丝分为绞经和地经,每织入一根纬线后,绞经与地经相绞。三梭横罗,即每织入三梭纬丝与经丝做平纹交织后,经丝的绞经和地绞转一次。四经绞素罗,即地经与绞经相排列,两者比为1:1,但一根绞经可与相邻的两根地经相绞,绞组之间相互交错,四经为一循环。

花罗,有四经绞花罗,即链式花罗,以四经绞罗为地,二经绞罗起花。亮地花罗,在1:1二经绞罗组织的地上起平纹花或纬浮花。绉地花罗,用变化平纹或斜纹组织起花,罗组织为地。[1]

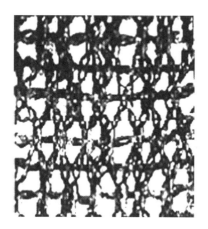

图2-6 罗

(五) 缂丝

缂丝源至唐代,宋代达到极盛,又被写作刻丝或克丝。北宋庄绰《鸡肋编》记载定州缂丝的生产方法和盛况,"定州织刻丝,不用布机,以熟色丝经于木棦上,随所欲作花草禽兽状。以小梭织纬时,先留其处,方以杂色线缀于经纬之上合以成文,若不相连,承空视之,如雕镂之象,故名刻丝。如妇人一衣,终岁可就,虽作百花、使不相类亦可,盖纬线非通梭所织也。"[2]缂丝制作工具简单,但费工、费时,根据图案颜色的不同局部更换纬线,通过通经回纬技法表现精细的纹样,织物花色正反如一,在纹样换色间隙呈现小孔或如"镂刻之状"的断痕(图2-7)。

南宋时镇江、上海松江、苏州一代成为缂丝生产中心,缂丝织物多为观赏物。元代缂丝主要用于服用及御容织造。元代缂丝"进御服饰,参以真金,组织华丽,过于前代,而精雅渐非古法。"[3]缂丝经过南宋鼎盛的发展,到元代形成发展相对低谷时期,现存的实物作品较少,分为实用品和欣赏品两种缂丝。现存的较为重要的实用类型缂丝有纽约大都会藏花地鸟兽缂丝,横26厘米,纵55.5厘米以及紫汤荷花缂丝,横62厘米,纵28.5厘米;新疆盐湖元墓出土紫汤荷花靴套,横16厘米、纵31厘

[1] 袁宣萍.元代的罗织物[J].江苏丝绸.1991(6):48.
[2] [宋]庄绰.鸡肋编[M].北京:中华书局,1997.
[3] 田自秉.中国工艺美术史[M].上海:东方出版中心,1985:268.

米;内蒙古乌兰察布盟达茂旗大苏吉乡明水墓出土紫汤荷花靴套,横 26 厘米,纵 45 厘米;北京西长安街双塔庆寿寺出土莲塘鹅戏图案缂丝,横 56 厘米,纵 68 厘米。此外还有欣赏类题材缂丝如辽宁省博物馆藏《牡丹团扇》《木绣球花图》;台北"故宫博物院"藏《双喜图》《崔白杏林春燕图》;北京故宫博物院藏《东方朔偷桃图》。肖像类有纽约大都会博物馆《元帝后像》,宗教类有北京故宫博物院藏《八仙供寿图》以及纽约大都会藏《曼陀罗》等。

　　元代缂丝、刺绣中金银线使用较少,宋代缂丝常用到的合花线在元代缂丝作品中数量及面积上明显减少,主要的缂丝技法延续宋代方法,如平缂、钩缂、搭梭、长短戗、木梳戗、凤尾戗等。

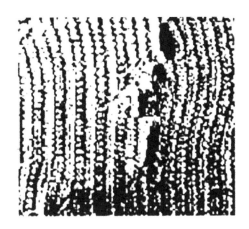

图 2-7　缂丝

二、复杂组织丝织物

(一) 织御容

　　御容,为用于供奉、祭祀所用的帝后肖像,有绘、织、塑等工艺制作。唐朝开始有对相貌写真绘制先帝、先后御容用以供奉。元朝主要以织造为主,用及少量绘制的方式制作御容。尚刚《蒙元御容》一文中有详尽探讨,织造御容为蒙元独有,以绘制御容作为织造粉本。由于织造御容费工费时,大型御容"高九尺五寸、阔八尺",织造一幅要"越三年"之久,织造工艺推测为缂丝。蒙元御容至少有大、中、小三种,大型的常高约 380 厘米、宽约 320 厘米,小型的常高约 60 厘米、宽近 50 厘米,中型的称"小影"或"小影神",常高约 240 厘米、宽约 160 厘米,或高约 213.5 厘米、宽约 178 厘米。[1]

　　现存蒙元御容,如美国纽约大都会博物馆藏织有文宗、明宗及两位夫人像缂丝曼陀罗唐卡,中国台北"故宫博物院"藏元代皇帝、皇后相册和中国国家博物馆的《元太祖画像》,织物中的人物形象刻画写实,人物身穿织物纹样也据实反映当时的穿着情况。

(三) 织金锦

　　蒙元时期最有特色的织物乃织金锦,织金锦是丝织物以金线显花。蒙古贵族称为"黄金贵族",其对金的喜爱可见一斑,这源于游牧民族在迁徙过程中,金是便于携带的通行货币,能明显感受到游牧民族对金的热衷。织金锦是现代的称谓,元时的织金锦分为纳石失和金段子两类,主要是根据制造工艺和纹样区别等方面来划分的。《永乐大典》记载工部属下别失八里局,是由"别失八里田地人匠"迁徙大都组建的,其职责主要为织造纳石失,元代主要负责织造纳石失的机构有五处,织工主要

---

[1]　尚刚. 蒙元御容[J]. 故宫博物院院刊,2004,(3):31-59.

为战争中迁徙的回回,所见纳石失织物特征尤为明晰,已被多位专家专题撰文分析过。如沈从文《织金锦》、尚刚《纳石失在中国》、《元代的织金锦》、杨印民《纳失失与元代宫廷织物的尚金风习》、卢辰宣《织金织物及织造技术研究》等文章,此外所有研究元代织物及织金技术的文章都不可回避地论及元代纳石失,这些研究成果都值得学习和借鉴。

1. 纳石失

纳石失为音译词,在《舆服志·一》中注解为金锦,前面说明金锦一词在法门寺《物帐碑》中已有记载,说明纳石失既归属于金锦,又不同于以往概念中的金锦,应是独具风格的一类织金锦。如《马克波罗行记》记载"报达城纺织丝绸金锦,种类甚多,是为纳石失(Nasich)"。明初叶子奇《草木子·杂制篇》记载"衣服贵者用浑金线为纳失失。或腰线绣通神襕。然上下均可服,等威不甚辨也。"纳石失是波斯语 Nasish 的音译,此外还有钠赤思、纳什失、纳阇赤、纳奇锡、纳赤惕、纳瑟瑟等,之后也有称作纳克实,最常使用的还是纳石失。元史专家黄时鉴认为波斯语 Nasish 是阿拉伯语的借词,是源于阿拉伯语的波斯语的音译。优质的鞑靼币(Tartar Cloths)是在提花机上用丝和金来织造的织物叫"nasij"。这个词语是从阿拉伯语"nasaja"派生出来的,意思是织,就是织物或纺织品。据都兹(Dozy)辞典的结论,在蒙古领域里,它是"nas IJ al-dhahab al-harir"的略语,指用金和丝的织物。《元史百官制》卷八十五指一种绣金锦缎,是源于中亚的一种金丝纺织技术。纳石失采用特结锦组织,比较适合于将金线尽量显露在表面,金段子则不一定将金线布满,也可采用妆花的方式织入金线。《碎金》中记载的段匹品名中有纳失失和六花、四花金段子,六花和四花的图案显然只是散点布置的六花或四花,花纹以外,则有较大面积的隙地。元代文献还提到"织金胸背",这应指面料部分织金的衫袍,织金图案只出现在衫袍的前胸和后背,此类织物也应属金段子。

2. 金段子

元代文献至明初均将金段子与纳石失分开说明,目前学者较一致认为纳石失与金段子不同。《事林广记》载:在中书省的新春贡献里,就有分别有"纳阇赤九匹、金段子四十五匹。"[1]《碎金》中列出纳失失和六花、四花、缠项金段子,还有纻丝等。赵丰从织金的方法上将金段子分为两类:一类为单插合的地绺类加金,金线靠地金固结,金线主要为片金。这种组织结构是较为典型的中国传统加金织物组织。目前此类加金组织唐代已出现,后兴盛于辽,如辽增卫国王墓中出土的织金绫、织金绢等,以及阿城金墓中出土织金锦基本为平纹地或斜纹地上绺合的片金织物,其地组织可以是纱、缎、绫等。此类织物史料称为"金段子"或"金搭子"。另一类为双插合特结类加金织物,有两组经线,一组用来起地组织,另一组用于固结纹纬,金线可以是捻金也可以是片金。此类织物在明水墓、新疆盐湖古墓及漳县元墓中均有大量出现。[2]此组织专家认为才是纳石失。虞集《道园学古录》上说得直截了当:"纳赤思者,缕皮傅金为织纹者也。"根据尚刚研究织金所用金线做法有两类:片金(平金),显花的金纬线是将金箔黏附于薄皮,再切割成极窄的长片(图2-8);捻金(圆金、撚金),显花的金纬线是将片金线搓捻在丝线上(图2-9)。但这两类都以片金为基础,而片金的方法又可以其背衬的情况分为无背衬、纸背(植物类纤维素)或皮背(蛋白类有机物)几类。一般来说,无背衬是较早的做法,纸背是东方的做法,而皮背是西方的做法。另外,朱新予主编《中国丝绸史》(通论):"元朝称织金锦为纳石失或金搭子,其区别在于织金区域的大小。"根据以上论述总结纳石失与金段子区别,特别是尚刚多篇文章中对纳石失与金段子所做详细比对,归纳出两者间四点区别:

[1] [宋]陈元靓.事林广记[M].北京:中华书局,1999.
[2] 赵丰.织绣珍品[M].香港:艺纱堂出版社,1999:182.

① 门幅区别。纳石失门幅较金段子宽,估计达到三至四尺,金段子沿用中国传统在一尺四寸至两尺之间。

② 组织区别。西亚纳石失的传统工艺方法加入棉纬,为混合织物。金段子中国传统织金不加棉线。

③ 金线区别。纳石失金线有片金、捻金,但以皮做片金应为其主要特色。

图2-8　捻金线

图2-9　片金线

④ 最直观的是图案区别。这也是本文将详细论述部分。[1]

金段子的题材既具有汉族文化特征也展现了游牧民族文化特征,如龙、凤、龟背图形、折枝梅是典型的汉民族传统图案,奔兔、鹿、鹘捕雁纹等是游牧民族常见装饰纹样题材。

三、刺绣

作为元代统治者的蒙古族贵族日常生活中极度追求服饰华丽效果,促使元代实用品刺绣也得到进一步的发展。经历宋代宫廷画绣登峰造极发展阶段,从民间刺绣实物的水平可窥一斑,然而元代刺绣优秀作品主要来自于官府作坊。《元史·百官志》记载工部大都人匠总管府的绣局“掌绣造诸王百官缎匹”,将作院异样局总管府的异样纹绣提举司主要制作御用段匹。[2] 元代刺绣用处极广,不仅用于服饰还用于帐篷、车舆装饰。

(一)刺绣工艺

元代实物上所见针法有平针、网针、套针、抢针、钉针、辫绣、打籽绣、斜缠针、鱼鳞针等针法。目前最为精美的刺绣实物为内蒙古集宁路古城窖藏出土紫罗地花鸟纹刺绣夹衫,在四经绞罗地上以平针为主,刺绣99组大小不同的图案,肩部两组大面积刺绣图案题材为“满池娇”,其他散搭图案题材有人物、花卉、禽鸟、山水、鱼虫等(图2-10)。

(二)贴绣

先剪出图案,然后用线将图案沿边缘钉在绣地上。实物有北京双塔庆寿寺海云和尚衣冠冢出土贴罗绣僧帽(图2-11)。

图2-10　元棕色罗花鸟绣夹衫(元代集宁路古城遗址出土,内蒙古博物馆藏)

[1] 赵丰. 中国丝绸通史[M]. 苏州:苏州大学出版社,2005:355.

[2] 尚刚. 元代工艺美术史[M]. 沈阳:辽宁教育出版社,1999:107.

图2-11　元贴罗绣僧帽(北京双塔庆寿寺海云和尚衣冠冢出土)

(三) 发绣

在《韵石斋笔谈·卷下》中《界画楼阁述附发绣》一文记载:"复有夏永字明远者,以发绣成《滕王阁》《黄鹤楼图》,细若蚊睫,侔于鬼工。唐季女仙卢眉娘,于一尺绢上,绣《法华经》七卷,明远之制,庶几近之。"夏永的画绣虽实物不存,但从现藏云南省博物馆绘制精细的界画,也能感受到发绣的精美。

(四) 盘金绣与钉金绣

用丝线将金、银线钉在丝绸表面,主体部分由盘金线构成,也称蹙金绣。[1]如果仅用金线缝圈轮廓叫钉金绣。如中国丝绸博物馆藏绫地盘金绣日月纹辫线袍肩上的月纹(图2-12)。也有学者研究蹙金绣是"以扁而粗的金线刺绣"。

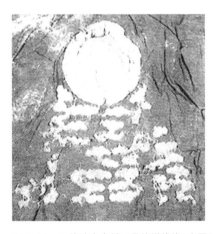

图2-12　元绫地盘金绣日月纹辫线袍(中国丝绸博物馆藏)

此种用金线刺绣针法在宋、辽、金时期都有实物或文献记载,如宋真宗大中祥符元年诏禁服用金诸法中列有"蹙金线"。辽耶律羽之墓出土紫罗地蹙金绣团窠卷草对雁,用22根撚金线拼成0.9厘米的轮廓线,而钉金绣一般只用一两根撚金线钉做轮廓线。[2]此外,唐末辽初还出现了纹样内用平针、外轮廓用钉金绣的刺绣方法称为压金彩绣。

[1]　赵丰.辽代丝绸[M].香港:沐文堂美术出版社,2004,123.

[2]　赵丰.辽代丝绸[M].香港:沐文堂美术出版社,2004:125.

四、印金

整理元代出土纺织品中有多件以印金工艺表现花纹,这主要源于"黄金贵族"对金的喜爱。中国古代织物上印金可追溯到汉晋时期,唐代趋于成熟,"开元天宝间《唐六典》中提到当时用金有十四种:销金、拍金、镀金、织金、砑金、披金、泥金、镂金、捻金、戗金、圈金、贴金、嵌金、裹金。"[1] 贴金是用金箔直接贴在织物表面。汉晋时期出现服饰上贴金印花的工艺,如新疆营盘出土贴金衣襟、绢面贴金毡靴,有学者认为这种贴金技术是随丝绸之路传入的西方技术。[2] 隋时期在敦煌彩绘壁画中已见菩萨的衣服上有贴金箔装饰花纹,法门寺地宫发现了 874 年唐代贴金蝴蝶纹样纱罗。[3] 在唐文献中有相关记载,如《全唐文》卷四十四有肃宗"收复两京大赦文"曰:"屋宇、车舆、衣服、器用,并宜准式。珠玉、宝钿、平脱、金泥、织成、刺绣之类,一切禁断。"唐朝贵族认为金银能使人长生不老[4],所以喜好金银制品,加上唐朝时期丝路畅通,与西域贸易频繁,各种用金制作工艺日渐成熟。泥金是将极细的金粉与黏合剂拌匀后盖印或绘于织物上的一种加工方法。唐代泥金印花多以金泥描绘于服饰,如唐代诗句"罗衣隐约金泥画""金泥文彩未足珍,画作鸳鸯始堪著",李商隐《秋》"瑶琴愔愔藏楚弄,越罗冷薄金泥重",都是描述此工艺。贴金和泥金绘制的手法在辽、金及宋元时期极为盛行,是除织金以外常见用金装饰手法。如:辽代赤峰市阿鲁科尔沁旗罕苏木墓群中发现的印金花树领缘紫色罗袍,香港罗蝶轩收藏的绫地贴金团花夹帽。金代印金实物有黄褐暗花罗牡丹卷草印金缀珠腰带,棕褐罗团云龙印金大口裤以及黄绿罗编绦印金花旌袋。

目前发现元代印金织物有私人收藏的印金兔纹纱、印金描朱兔纹纱、黄罗地印金搭子、四季花卉印金罗(图 2-13),以及山东邹城李裕庵墓出土梅鹊纹绸男袍等。

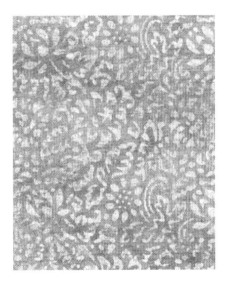

图 2-13 元四季花卉印金罗

元代印金纺织品主要集中在元代集宁路古城遗址出土贴金印花的素罗夹衫、提花绫长袍、提花绫被面。此外内蒙古镶黄旗囊格都勿拉苏木哈沙图嘎出土黄绢地印金折枝花方块棋格纹,北京首都博物馆藏品,传世的元代至正二十六年(1366)的绣品黄缎地《妙法莲华经》第五卷。元印金面积遍

[1] 沈从文.织金锦·花花朵朵坛坛罐罐[M].南京:江苏美术出版社,2002:117.

[2] 郑巨欣.中国传统纺织印花研究[D].上海:东华大学:61.

[3] 赵丰.辽代丝绸[M].香港:沐文堂美术出版社,2004:121.

[4] 尚刚.唐代工艺美术史[M].杭州:浙江文艺出版社,1998.

及整幅面料,不再仅作局部装饰,这一方面是贵族对用金装饰的奢靡追求,另一方面也体现了印金工艺已有较大发展。实物主要以销金工艺为主,即将金箔贴于事先按图案印好的黏合剂上,待黏合牢固后再将未黏合部分粉碎去除。[1]金箔是用黄金锤成的薄片,《天工开物》卷中《五金·黄金》记载:"凡色至于金,为人间华美贵重,故人工成箔而后施之。凡会箔每余七厘造方寸金一千片。黏铺物面,可盖纵横三尺。凡造金箔既成薄片后,包入乌金纸中,竭力挥椎打成(打金椎短柄,约重八斤)。传统金粉的制作方法有两种:其一是磨削法和助剂研磨法,其二是狐刚子法。古代可能被用作印金黏合剂以及掺合剂促黏的材料有大漆、桐油、楮树浆、桃树汁、骨胶、鱼胶、糯米糊、大蒜液、豆浆黏液、冰糖水等。[2]

元代绘制御容也会使用泥金,用于表现纳石失及佩戴的黄金首饰,由于帝后御容形象多为全身团坐姿势,所以御容需大面积表现帝后穿着服饰,泥金用量不小,如:天历二年(1329)二月,绘文宗生母御容1轴用"泥金一两二钱五分";同年十一月,绘武宗帝后"共坐御影"用"泥金一两二钱"。绘佛坛也要用泥金,如延七年十二月,绘仁宗帝后御容1轴与其佛坛2轴,用"泥金三两七钱五分";至顺元年八月,绘太皇太后御容1轴与其佛坛2轴,用"泥金三两五钱五分"。[3]在内蒙古阿鲁科尔沁旗出土,阿鲁科尔沁旗博物馆藏描金龙凤岁辽平纹地显花描金银,尺寸长136厘米,宽26.5厘米。

第三节　元代纺织品的消费

元代对纺织品需求量非常大,大量的纺织品不仅要满足贵族的奢侈生活,还要满足元代社会赏赐泛滥的需求。元代赏赐形式多种多样,主要有岁赐、朝会赏赐、对寺院僧侣的赏赐,以及一些临时的赏赐等,每次赏赐的规模和数额都非常庞大,赏赐物品五花八门,但丝绸、衣物及车帐等纺织品是非常重要的赏赐物。如:忽必烈赏赐平定乃颜叛乱之功臣按答儿秃,至元二十五年(1288年)受赐金1 250两、银125 000两、钞25 000锭、币帛布氈布23 666匹。诸王爱牙合赤受赐金1 000两、银18 360两、丝10 000两、绵83 200两、金素币1 200匹、绢5 098匹。至大德九年,成宗因减赐与讨赐之间斗争最后妥协:"还给安西王积年所减岁赐金五百两、丝一万一千九百斤,仍赐其所部钞万锭"。一个王的岁赐如此丰厚,可想诸多皇子、诸王、公主、后妃、驸马、百官、寺观僧侣等,每年需赏赐的纺织品数量多么庞大。

一、元代丝织品的消费

元代贵族应是当时丝织品最大的消费者,贵族需要大量的丝绸满足平日众多的宴会,还需要满足大量的奖赏,甚至在马可波罗游记中写道元代士兵及军队帐篷都是用丝绸制成的。元代贵族在举办重大节日或重大活动时,皇帝、百官、仪卫、乐工都要穿着同一颜色、不同形制的礼服,并且每天穿着服装颜色不一样,保持与大汗服装同色。"大汗于其庆寿之日,衣其最美之金锦衣。同日至少有男爵骑尉一万二千人,衣同色之衣,与大汗同。所同者盖为颜色,非言其所衣之金锦与大汗衣价相等

[1]　赵丰. 中国丝绸史[M]. 苏州:苏州大学出版社,2005:352.

[2]　郑巨欣. 中国传统纺织印花研究[D]. 上海:东华大学,2001:65.

[3]　尚刚. 蒙元御容[J]. 故宫博物院院刊,2004,3:57.

[4]　冯承钧译,党宝梅注. 马可波罗行记[M]. 石家庄:河北人民出版社,1999:362.

也……每次大汉与彼等服同色之衣,每次各易其色。"[4] 由此一项已知丝织物的消费之巨。同时丝绸还一直作为贸易交换的重要物品,元代疆域宽广,商贸活动频繁所需量非常之大,也刺激了丝织物的生产发展,"百物输入之众,有如川流之不息。仅丝一项,从每日入城者计有千车。用此丝制作不少金锦绸绢"[1] 丝绸作为科差赋税的重要项目,每年缴纳丝料数目也可以了解消费之需:中统四年(1263),丝 712 171 斤,至元二年(1265),丝 986 912 斤,至元三年,丝 1 053 226 斤,至元四年,丝 1 096 489 斤,天历元年(1328),丝 1 098 843 斤,绢 350 530 匹,锦 72 015 斤。[2]

二、元代棉织物的消费

元代棉花种植得到大面积推广及织造技术的提高,使得棉布逐渐取代麻成为人们日常主要服用面料。元代初年设立木棉提举司,向百姓大规模征收棉布每年多达 10 万匹。长江三角洲成为全国棉花种植和棉纺织业最发达的地区,特别是黄道婆故乡松江府成为全国手工棉纺业的中心。据《南村辍耕录》卷二十四载:"松江府东去五十里许日乌泥泾,其地土田硗瘠,民食不给,因谋树艺以资生业,遂觅种于彼(闽广)。《农政全书》卷三十五引《松江志》录"城中居民,专务纺织,中户以下,日织一小布以供食,虽大家不自亲,而督率女伴未尝不勤";范濂《云间据目钞》卷五曰:"至于乡村,纺织尤尚精敏,农暇之时,所出布匹,日以万计,以织助耕,女红有力焉。"表明棉花作为新兴的纺织行业,由于经济实用的优越性成为百姓不可或缺的家庭副业,生产及消费数非常可观。

三、元代毛织品的消费

生活在北方草原以畜牧经济为主的蒙古族,为了抵御北方寒冷气候,早已熟练掌握了毛织物的制作工艺。元代毛织物主要生产地在环渤海地区,当地所生产的毛织品有六七十个种类,主要为毡、罽两大类。入元后的蒙古贵族仍然注意保留传统的游牧迁徙的生活方式,对毛织品的需求量仍是非常惊人。据史书记载元世祖中统三年(1262),生产羊毛毡大小 3 250 段。三年内共制造白毡 810 段,其中绒披毡 10 段、绒裁毡 10 段、掠绒剪花毡 50 段、白羊毛毡 740 段;其中药脱罗 50 段、无药脱罗 50 段、里毡 30 段、扎针毡 10 段、鞍笼毡 20 段、裁(毡)50 段、毡胎 150 段、好事毡 250 段、披毡 25 段、衬花毡 100 段、骨子毡 25 段;悄白毡 180 段、内药脱罗 25 段、里毡 15 段、襀使毡 125 段;大糁白毡 625 段,其中脱罗毡 100 段、里毡 50 段、裁毡 100 段、毡胎 150 段、披毡 100 段、杂使毡 125 段;燻毡 100 段。染青小哥车毡 10 段;大黑毡 300 段,其中布苔毡 50 段、好事毡 250 段;染毡 1 225 斤,内羊毛毡 975 斤,其中红毡 250 斤、青毡 500 斤、柳黄毡 50 斤、绿毡 50 斤、黑毡 50 斤、柿黄毡 25 斤、银褐毡 50 斤;掠毡 250 斤,其中青毡 150 斤、红毡 100 斤;染毛绳 255 斤,其中青 100 斤、红 80 斤、赤黄 20 斤、绿 5 斤、银褐 10 斤、粉红 5 斤、明绿 5 斤。消耗各类原料,共计羊绒毛 141 070 斤,内白秋毛 66 125 斤、黑秋毛 5 625 斤、白绒毛 1 750 斤。一方面,表明当时畜牧业的发展能够满足毛织品的供应;另一方面,也反映了元代皇室贵族、上层官府以及普通百姓对毛织品的需求量非常之大。

[1] 冯承钧译,党宝梅注.马可波罗行记[M].石家庄:河北人民出版社,1999:358-359.

[2] [明]宋濂.元史[M].北京:中华书局,1976:2363.

第三章

元代纺织品图案题材与造型

第一节　兽　类　纹　样

　　元代纺织品装饰纹样中神兽类占有非常重要的一部分,兽类形象来源较为多样,有实际生活中并不存在创造想象类的兽,如龙、摩羯鱼,这类兽的形象影响因素具有多样性和不确定性。另织物中还有大量现实生活中实际存在的兽,如鹿、兔、狮子等,这类兽可参照现实中的形象,能够明确比较造型的装饰特征。本书从发现的元代纺织品上选出使用频率较高的纹样题材进行归纳分析。

一、龙纹

　　龙的造型在不同时期具有不同的造型特点。东汉时期许慎《说文解字》中解释道:"龙,鳞虫之长,能幽能明,能细能巨,能短能长,春分而登天,秋分则潜渊。"[1]大体勾勒出龙的形象特征。北宋美术理论家郭若虚在《图画见闻志》中比较完整地指出了画龙的"三停九似"说。画龙者析出:"三停:自首至膊,膊至腰,腰至尾也。"分成"九似":"角似鹿,头似驼,眼似鬼,项似蛇,腹似蜃,鳞似鱼,爪似鹰,掌似虎,耳似牛。"在游牧民族的装饰纹样中,龙纹形象使用率较高,这或许是因为游牧民族更希望借助皇权的符号满足心理上的绝对权威地位。元朝始明文记载龙专属于皇家,民间不得使用,并且强调三、四、五趾龙使用身份的等级区别,使得龙纹成为元代纺织品中非常具有时代特征的装饰纹样之一。如《元典章》卷五十八《工部一·段匹·禁织龙凤段匹》记载:"至元七年,尚书刑部承奉尚书省札付,议得,除随路局院系官段匹外,街市诸色人等不得织造日、月、龙、凤段匹。若有已织下见卖段匹,即于各处管民官司使讫印记,许令货卖。如有违反之人,所在官司究治施行。"[2]《元史》卷三十九《顺帝纪二》记载:"(至元二年四月)……禁民间私造格例。……丁亥,禁麒麟、鸾凤、白兔、灵芝、双角五爪龙、八龙、九龙、万寿、福寿字、赭黄等服。"[3]表明当时有八龙、九龙的华丽纹饰。《元典章》卷五十八《工部一·段匹·禁军民段服色等第》记载:"大德十一年正月十六日,……今后合将禁治事理开坐前去,仰多出榜文遍行合属,依上禁治施行。……五爪双角缠身龙、五爪双角云袖襕、五爪双角笤子等、五爪双角六花襕。"[4]进一步说明五爪双角龙是屡被下诏禁止民间私造,爪和角是龙尊贵身份的关注点,并且当时纺织品上的龙有缠身龙、搭子、襕等多种形象装饰于服装不同部位。

(一)元代纺织品中的龙纹形态

　　目前在元代纺织品中发现装饰有龙纹的织物有近20件,龙纹造型相近,归纳代表性的龙纹形象主要有以下几件:重庆明玉珍墓出土的元末时期刺绣团窠龙纹,此件丝织物为浅黄地,以本色丝线刺绣。北京双塔庆寿寺海云和尚衣冠冢出土的刺绣香花供养云龙纹包袱,在单线八瓣菊花团窠中绣一团龙,龙四周绣灵芝如意云头、曲枝牡丹、芍药、菊花纹、牵牛花等,花形灵动自然,疏密得当,有宋代一年景的遗风;河北隆化鸽子洞出土的菱格万字龙纹花绫(图3-3),虽然织出的龙纹不如刺绣针法可以刻画细微之处,但是与规矩严谨的四线菱格卍字底纹对比,仍然显得气韵生动;苏州曹氏墓出土苏州博物馆藏罗地刺绣龙纹边饰和青绘龙凤边饰(图3-5);江苏无锡钱裕墓出土的元延祐七年(1320)八宝云龙纹缎(图3-7),龙纹四周装饰八宝,曲尺状如意云纹分割画面;伦敦斯宾克公司收藏元早期对龙对凤两色绫(图3-1),主纹为圆形窠内装饰双龙戏珠纹,双龙左右对称构图,团窠外的宾纹为对凤纹。另私人收藏的一些元代纺织品也有龙纹装饰,如红地团窠对鸟盘龙织金锦(图3-2),织

[1]　[汉]许慎撰,[清]段玉裁注[M].上海:上海古籍出版社,2006.
[2]　[元]佚名.元典章[M].董康编.涌芬室丛刊本.
[3]　[明]宋濂.元史[M].北京:中华书局,1976.
[4]　[元]佚名.通制条格[M].杭州:浙江古籍出版社,1985:134.

物在对鸟大团窠纹样四角点缀小团窠龙纹,龙头两两相对,姿态舒展。此外在绘画中也侧面展现了元代服饰中装饰的龙纹形象,如《元太祖狩猎图》(图3-18)中元太祖所穿的龙袍在胸前及膝部都装饰有龙纹形象。

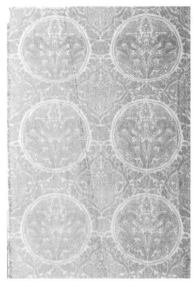

图3-1 元早期对龙对凤两色绫(伦敦斯宾克公司藏)

图3-2 元红地团窠对鸟盘龙织金锦(私人收藏)

表3-1 元代纺织品中的龙纹形态

升龙		元菱格万字龙纹花绫(河北隆化鸽子洞出土)(图3-3)
降龙		元团窠龙纹锦(重庆明玉珍墓出土)(图3-4)
行龙		元罗地刺绣龙纹边饰(苏州曹氏墓出土,苏州博物馆藏)(图3-5)

根据元代纺织品中的龙纹动态可区分为升龙、降龙、行龙(表3-1)。

① 升龙。龙头在上,尾部在下,表现龙正准备奋力腾空的瞬间之势,称为升龙。如图3-3河北隆化鸽子洞出土的菱格万字龙纹花绫,龙纹龙头在上龙尾在下,龙头长有双角、张口吐舌,爪有四趾,两只前爪在颈部附近,两只后爪靠近尾部。龙腹部拱起,身躯 S 形弯曲。伦敦斯宾克公司藏对龙对

凤两色绫中的对称升龙形象,身体呈两个 S 形扭动,腹部及尾部前曲,背部拱起,使得中心虚空间成为一个对称的"亚"字形。为了整体形象适合于圆形团窠,龙的两个前爪一上一下并列于中轴线,两个后爪一前一后抵在圆形外边。

② 降龙。龙头在中部,尾部在上,如同龙从云端徐徐降落之势,称为降龙。元代纺织品中使用降龙造型非常常见,并多以降龙组合成圆形团窠进行两两错排排列。如图 3-4 重庆明玉珍墓出土的元末时期刺绣团窠龙纹,龙为御用双角五爪龙,龙头位于正中,尾部在上。龙双目圆瞪,用褐色丝线点睛。张嘴吐舌、胡须飞绕,下颚有胡须分成四组前后飞舞。龙头相连处的龙脖极细与龙头形成对比,然后呈 S 形至腹部,腹部中段加粗,至尾部渐渐变细,龙腿足劲健,五爪张开关节清晰。龙整体形态修长,腹部前凸 S 形扭动,动感十足又栩栩如生。

③ 行龙。龙身与龙头为左右关系如行走姿态称为行龙。如:图 3-5 中苏州博物馆藏苏州曹氏墓出土的罗地刺绣龙纹边饰,黄底上刺绣两只五爪双角龙,双龙相对而立,昂头瞪眼,长吻张口吐舌。龙脖变细成 S 形弯曲,背部有龙鳍,肩部飘舞龙须,龙尾向后自然舒展,整个龙身成波状起伏。

综上所述,元代纺织品上的龙纹就姿势可分为三种动态:升龙、降龙、行龙。这三种形态的龙根据不同的编排又可以组成不同的构图形式,如升龙、降龙可以组成团窠形构图或满地构图,行龙可以组成长条边饰或柿蒂窠形缠身大龙。

(二)元代纺织品中龙纹造型(图 3-6、表 3-2)

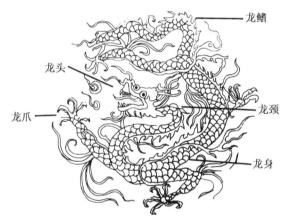

图 3-6　元刺绣团窠龙纹(重庆明玉珍墓出土)

表 3-2　元代纺织品中龙纹造型

龙头	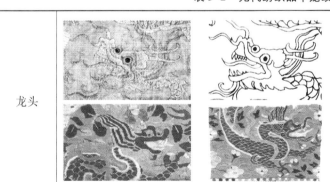	双目圆瞪,上吻[1]偏长而上翻,张嘴吐舌,有利齿,后脑及下颚有胡须

[1]　专家称颚为吻,龙的上吻就是龙的上颚。吻兽最早可追溯到周朝,在《三礼图》中的周王城建筑中就有吻兽。

龙颈			细长呈S形弯曲
龙爪			如凤爪,有五趾、四趾不等

① 龙头。元代纺织品中龙纹形象中头部偏小、头型扁长头顶长鹿角;双目圆瞪,上吻凸显偏长而上翻,张嘴吐舌,有利齿,后脑及下颚有胡须。如重庆明玉珍墓出土的刺绣团窠龙纹。

② 龙颈。龙颈部细长多呈弓形与龙头连接处有龙须飘动,形态具有似蛇特征。如苏州曹氏墓出土罗地刺绣龙纹边饰,龙头与龙颈粗细对比显得龙颈更加灵活,伸缩自如;仅少数龙颈部相对龙头只略有收窄,并未夸张龙头与颈部的衔接关系,如织金大袖袍上的云龙胸背及肩部装饰龙纹的颈部并未做夸张的收窄。

③ 龙身。龙身遍布鳞片,有火焰状龙鳍。如果龙颈造型细长会在龙腹部略有加粗,如龙颈并未做夸张收窄,龙身粗细则较为均匀,仅在尾部慢慢变窄。

④ 龙爪。元代明确在龙爪脚趾数上做了级别使用规定,因此龙爪必定已具有规范的造型特征,实物造型也能直观看到三趾、五趾龙爪具有尖利的指甲与遍布鳞甲骨节突出的造型特征。

元代龙代表天子和至高无上的皇权,加上蒙古游牧民族骁勇善战的尚武精神,龙的形象和姿态都传递出霸气和力量感。此时出现的龙纹与脖头相连处的脖子极细,通过粗细对比突显龙头的威武及霸气。S形身躯的扭动造型也强调其张扬的力度。此龙造型在其他游牧部落建立的政权,如辽、金出土织物中也有所见。元代龙纹造型与金、辽时期龙纹造型有许多联系,特别是都具有长吻和细长的颈部特征。[1]

(三)龙纹组合造型

根据目前发现的元代纺织品上出现的龙纹从数量及组合上区分主要为单龙、双龙、多龙、龙凤。

(1)单龙

元代纺织品中单龙形象最为常见,主要以单只升龙、降龙组成团窠,进行满地排列,与单龙组合出现的形象还有如意珠及云气纹。如意珠或为摩尼珠,《大智度论》卷三五云:"如菩萨先世为国王太子,见阎浮提人贫穷,欲求如意,入于大海至龙王宫。……龙即与珠,是如意珠,能雨一由旬。"希麟《续一切经音义》卷六"振多摩尼"条云:"此译云'如意宝珠'也",在佛经中具有很好的含义。云气纹是表现龙纹腾云驾雾必不可少的形象元素,元代纺织品中云气纹多为如意云头形象。此外一些杂宝形象也会作为底纹穿插于龙纹四周(图3-7)。

---

[1] 刘珂艳,元代纺织品中龙纹的形象特征[J],丝绸,2014(8);70-74

图 3-7 元延佑七年八宝云龙纹缎（无锡钱裕墓出土）

（2）双龙

元代纺织品中出现的双龙构图形式由左右对称组成圆形团窠，或以两条行龙相对构成长条边饰的襕，如伦敦斯宾克公司藏对龙对凤两色绫（图 3-8），双龙以头在上尾在下的升龙姿势左右对称构图成圆形团窠，双龙中间装饰有火焰珠。苏州博物馆藏苏州曹氏墓出土罗地刺绣龙纹边饰（图 3-9）便是两相对行龙，中间上下装饰两组卷草纹。

双龙形象出现较早，早在 3 000 年前甲骨文时期已出现双龙拱起形成雨后彩虹的形象，用以体现龙与雨之间的神秘关系。双龙常与如意珠构成双龙戏珠的固定图式，不仅表现相互礼让，同时也有如意丰足的含义。由此可知龙戏珠有如意丰足的含义。另传有一青龙一黄龙治理一方风调雨顺，百姓安居乐业，而获奖一颗如意珠，两龙相互谦让都不邀功，所以也用双龙戏珠来寓意礼让。

图 3-8 元对龙对凤两色绫
（伦敦斯宾克公司藏）

图 3-9 元罗地刺绣龙纹边饰（苏州曹氏墓出土，苏州博物馆藏）

（3）多龙

元代纺织品中还出现了以多条龙相互盘绕构成满地效果的多龙组合构图。多条龙姿态有升龙、降龙，龙形态自由生动，在龙形相间的空隙处填充以如意云气纹和火焰珠，形成群龙飞舞的磅礴气势（图 3-10、图 3-11）。

（4）龙凤

元代纺织品中龙凤成对出现的形象并不多见，目前仅在故宫博物院藏团窠龙凤纹纳石失，以及苏州博物馆藏苏州曹氏墓出土青绘龙凤边饰中以龙凤组合装饰。元代纺织品中多以双龙、对凤组合出现，或者龙与其他祥瑞组合出现。

龙凤作为祥瑞共同出现于织物装饰早在汉代织物中已有表现，至唐代织物中逐渐形成龙、凤造型定式。元代龙与凤被确定为王与后的象征，作为具有德的祥瑞必然为百姓所喜爱，并且元代纺织品中的龙凤形象常与如意云气纹、火焰纹及缠枝牡丹纹组合出现，展现了装饰图案追求表达吉祥寓意的意愿。

图3-10 元如意云龙纹锦
（大都会美术馆藏）

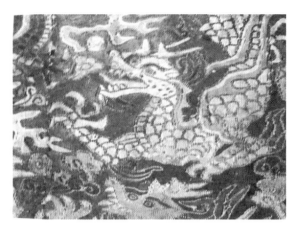

图3-11 元如意云龙纹锦局部（大都会美术馆藏）

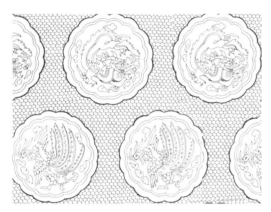

图3-12 元团窠龙凤纹纳石失线描图（故宫博物院藏）

（四）龙纹构图形式

元代纺织品中龙纹根据装饰用途、装饰部位不同形成不同的适合形，归纳有以下几点构图形式：

（1）团窠形

圆形适合纹样形成团窠构图作为主题装饰，可以排列成为织物面料也可以作为袍服胸背装饰纹样，窠内装饰单只升龙或降龙（图3-13），也有双龙组成团窠的。团窠构图为元代纺织品中龙纹主要构图形式，常以织的工艺表现，也有用刺绣工艺表现团窠龙纹。

图3-13 元团龙袍圆形胸背

（2）方补形

胸背为在袍服胸口或背部装饰近方形适合纹样（图3-14），龙纹以行龙为主，也有与花草石丛、如意祥云组合构成纹样（图3-15），利用印染或刺绣技法表现。

（3）三角形

元代袍服肩部装饰近三角形适合纹样（图3-16），龙纹以行龙形象为主，与肩部日月纹及缠枝牡丹、云气纹相组合。

图3-14　元织金大袖袍线描图

图3-15　云龙胸背线描图

图3-16　肩部龙纹装饰

（4）长条边饰

多以行龙组成长条适合形（图3-17），主要用于肩、膝、腕等部位的带状装饰。

图3-17　元青绘龙凤边饰（苏州曹氏墓出土，苏州博物馆藏）

（5）缠身大龙

一般为两条行龙首尾相接装饰于袍服的肩部，外轮廓近似柿蒂窠，视觉效果如龙盘旋于身上，此构图称为缠身大龙。

元服饰上以行龙装饰的缠身大龙也是一常用题材，《通制条格》卷九《服色》条中载："大德元年（1299）三月十二日，中书省奏：街市卖的段子，似上位穿的御用大龙，则少壹个爪儿，四个爪儿的织着卖的。奏呵，暗都剌右丞相、道兴尚书两个钦奉圣旨：胸背龙儿的段子织呵，不碍事，教织着。似咱每穿的段子织缠身大龙的，完泽根底说了，随处遍行文书禁约，休教织者。"[1]从这段文字可以了解到在元代，被禁的缠身大龙用于装饰服装的胸背图案，龙袍下摆膝盖处饰有行龙构成的襕。赵丰

---

[1]　赵丰.蒙元胸背及其源流.丝绸之路与元代艺术[M].香港：艺纱堂服饰出版社，144页.文中注引.通制条格[M].杭州：
　　　浙江古籍出版社，1986：134.

《蒙元龙袍的类型及地位》文中分析元代龙袍分为云肩式、胸背式、团龙袍三种形式[1]，对缠身大龙做了详尽分析（图3-19、图3-20）。结合《元太祖狩猎图》中元太祖所穿龙袍（图3-18），胸前装饰龙纹胸背纹样为单只行龙，龙身四周遍布火焰状云气纹，有腾云而降、拨云现身的效果。

图3-18　《元太祖狩猎图》中龙袍上的龙纹造型（纽约大都会博物馆藏）

图3-19　大袖袍服装饰缠身大龙及边饰

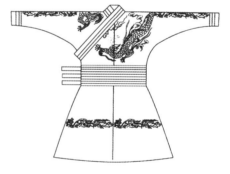

图3-20　窄袖袍装饰缠身大龙及边饰

（五）元代纺织品中龙纹的主要特征

　　总结现发现元代织物龙纹造型的最突出特征为：

　　① 元代纺织品中常用升龙、降龙造型构成团窠满地排列，以行龙组合成圆形团窠、肩部三角形适合纹、长条边饰或组成近柿蒂窠缠身大龙。

　　② 龙形多为单龙、双龙、多龙及龙凤组合形式，双龙戏珠是龙纹常见装饰题材，用以表现相互礼让或如意丰足的含义。

　　③ 元代纺织品中龙纹造型具有龙头偏长、龙脖细小、龙头与龙脖连接处粗细对比强烈，及长吻的局部造型特征。

　　④ 龙趾的数量成为判断使用者身份的重要凭证，五爪龙为皇帝御用龙。[2]

---

［1］　赵丰. 蒙元龙袍的类型及地位［J］. 文物，2006；85.

［2］　刘珂艳，元代纺织品中龙纹的形象特征［J］. 丝绸，2014（8）；70-74.

二、鹿纹

《蒙古秘史》中蒙古人"苍狼白鹿"的图腾传说,加上狩猎为生的游牧民族对鹿的熟悉,不难理解为何元代纺织品中装饰有较多的鹿纹形象,专家常将元代纺织品中出现的鹿纹称作"秋山",归纳为独具游牧民族特征的纹样。然而鹿纹流行的时间久远,早可追溯到"斯基泰"文明,鹿在汉文化中同样也是有着悠久的发展历程,由于鹿与"禄""六"谐音,且是贵族及百姓喜闻乐见的祥瑞,故也成为元代贵族服饰胸背装饰纹样之一。

(一)元代纺织品中的鹿纹形态

目前元代纺织品中发现装饰鹿纹的织物有十余件,主要有内蒙古考古研究所藏的内蒙古达茂旗明水出土紫地卧鹿纹妆金绢,元代集宁路古城遗址出土紫罗地花鸟纹刺绣夹衫,蒙元文化博物馆藏滴珠窠蹲鹿纹织金锦,河北隆化鸽子洞出土的鹿纹织银绫,香港万玉堂藏鹿纹方补织金绫片金,以及私人收藏的压金彩绣松鹤鹿纹枕套,滴珠窠行鹿纹织金锦等。鹿纹织物利用妆金、织银来装饰,也表明鹿纹作为祥瑞是有一定身份地位的人士所服用的纹饰。

纺织品上的鹿纹多有卧姿、站姿以及奔跑造型,可称为奔鹿、卧鹿、行鹿。奔鹿多为山野间欢快自由奔跑的形象,卧鹿和行鹿表现的是吉祥寓意的祥瑞形象。元代纺织品上鹿纹形象造型特征主要集中体现在鹿角的变化上。

(1)鹿角造型

表3-3　元代纺织品中鹿角造型

珊瑚状大鹿角	灵芝冠鹿角	月亮形鹿角

元代纺织品中出现的鹿纹根据鹿角造型特征可分为珊瑚状大鹿角、灵芝冠鹿角、月亮形鹿角三种造型(表3-3)。早在唐代流行的联珠纹锦中就经常出现大鹿角主题纹样,既有单鹿形象,又有体型健硕的双鹿形象,双鹿颈佩绶带相对站立于花树底下。大鹿角应该是在7—8世纪的粟特银器上流行开来的,而萨珊银器上的鹿纹时代更早,在6—7世纪的波斯陶器中就能见到与中国联珠鹿纹锦酷似的形象。[1]灵芝冠鹿纹在唐代金银器中已有出现,也可能起源于中东,有着幸福好运的含义。在辽罗地压金彩绣中表现有头顶灵芝状鹿角的双鹿、身长双翅相互追逐的形象。而头顶月亮的鹿唐代已进入中国装饰纹样中,藏于美国克利夫兰博物馆的金代妆金织物,装饰纹样为花叶丛中一只头顶月亮的鹿。

(2)动态与静态造型

元代纺织品中的鹿纹根据姿态可分为动态与静态两种造型。动态鹿纹有奔鹿,奔鹿有回首和昂首两种形象,静态有卧姿或站姿的鹿纹,口衔灵芝、如意云气纹或者口衔绶带,鹿神态安详,传递出一种宁静、高贵的神态,此种鹿纹形态在唐代工艺品装饰中已很常见(表3-4、表3-5)。

---

[1] 尚刚.吸收与改造:6至8世纪的中国联珠圈纹织物.锦上胡风[M].上海:上海古籍出版社,2011:19.

表 3-4　元代纺织品中动态鹿纹

	回首奔鹿	昂首奔鹿
动态		

表 3-5　元代纺织品中静态鹿纹

	静卧	站立
静态		

　　元代纺织品中动态鹿纹多为表现"秋山"主题,北方游牧民族秋季狩猎的装饰画面有一个专属名称叫"秋山",成为具有元代时代特征的装饰纹样,将在后文专门分析。静态鹿纹更多的是展现鹿作为祥瑞流露的神性。

(二) 鹿纹构图形式

（1）滴珠窠

　　目前所见元代纺织品中鹿纹采用滴珠窠构图占有较大比例(图3-21～图3-24),滴珠窠内的鹿有行鹿和卧鹿,窠外装饰有细密的底纹,如龟背纹、万字纹、回纹等,通过窠外的细密底纹以衬托窠内纹样。如用印金手法表现的滴珠窠搭子纹样,窠外为清底没有其他纹饰。

（2）散搭子

　　元代纺织品中常使用织、印工艺表现散搭子构图形式的鹿纹,并以印金工艺为多,鹿纹成块状,纹样四周没有底纹(图3-25)。

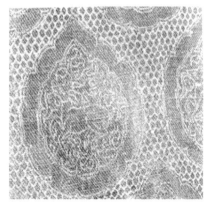

图 3-21　元滴珠窠行鹿纹纳石失(私人收藏)

图 3-22　元滴珠窠蹲鹿纹织金锦(蒙元文化博物馆藏)

图 3-23　元紫地卧鹿纹妆
金绢(内蒙古达茂旗明水墓
出土)内蒙古考古研究所藏

图 3-24　鹿纹线描图

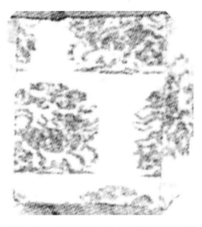

图 3-25　元鹿纹织银绫(河北隆化鸽子洞
出土)

（3）方补形

元代鹿纹作为祥瑞,也常以类方形的胸背纹样装饰于服装的胸口或后背,胸背作为补子的发展前期,题材选用与补子的题材之间有着必然联系。如香港万玉堂藏鹿纹方形补(图 3-26),内装饰一行鹿口衔灵芝,四周满布花草、祥云,总尺寸 105 厘米 × 100 厘米,方补尺寸 29 厘米 × 30.9 厘米。

图 3-26　蒙元时期松鹿妆金绫胸背(私人收藏)

（4）缠枝构图

缠枝构图是元代具有时代特征的装饰形式,在缠枝骨骼中会穿插一些瑞兽花鸟,也常出现鹿纹。如纽约大都会博物馆藏元动物花鸟纹刺绣,绢地平绣中的鹿纹,或卧或立于缠枝牡丹、莲花间。蒙元伊儿汗国出土的缂丝残片装饰（图3-27）,也以缠枝花将不同祥瑞联系在一起。

图3-27　蒙元时期缂丝残片（伊儿汗国出土）

（5）两两错排

常选用滴珠窠、搭子等小块单元构图的鹿纹,在排列组合上常选用两两错排的构图形式,即将单元纹样一排正方向、一排反方向排列,或者纹样上下颠倒错位排列（图3-28）。

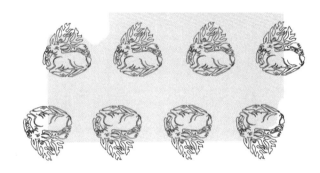

图3-28　元紫地卧鹿纹状金绢（内蒙古达茂旗明水墓出土,内蒙古考古研究所藏）

（三）元代纺织品中鹿纹的主要特征

① 元代纺织品中鹿纹的三种鹿角造型体现了来自不同文化的影响。

② 鹿纹形象有行鹿、卧鹿和奔鹿。区分为动态与静态造型,动态造型鹿纹表现游牧民族狩猎的"秋山",之后逐步发展为表现吉祥寓意的静态造型。

③ 鹿纹的构图形式主要有滴珠窠、散搭子、方补和缠枝纹,单元纹样多以两两错排的形式组织。[1]

三、兔纹

现存元代纺织品实物中兔纹形象也占有一定的数目,主要有元代集宁路古城遗址出土、内蒙古博物馆藏紫罗地花鸟纹刺绣夹衫,衣服上刺绣的99组装饰纹样中有兔纹小景;纽约大都会博物馆藏刺绣动物花鸟纹中有兔子形象;中国丝绸博物馆藏滴珠兔纹织金锦、奔兔纹金搭子、兔纹

[1]　刘珂艳.元代织物中鹿纹研究[J].装饰,2014(3):133-134.

缂丝;私人收藏的缠枝牡丹绫地妆花金鹰兔胸背纹,万字地双兔纹锦,滴珠窠兔衔灵芝纹纳石失等(附录表)。

学者撰文分析元代纺织品中兔纹形象时,多将兔纹归于表现蒙古游牧民族狩猎习俗的"秋山"题材,然而仔细分析元代纺织品中的兔纹,反映了元代纺织品中多元文化元素交融的特征,兔纹造型也有动态与静态的区别。兔纹除了表现游牧民族文化的"秋山",还有中原文化的影响。

(一)元代纺织品中的兔纹形态

(1)耳朵及体型区别

元代纺织品中兔子的耳朵有大有小,耳朵小的兔子身体圆润憨厚。奔跑的动态兔纹,具有耳朵大、头小眼大、四肢较长、体型偏瘦的特征,整体造型有机敏善于运动的感觉,或许是以野兔为表现对象。另外一种兔子造型耳朵较小,四肢也较短,身体圆润,整体感觉憨厚可爱,或许是以家兔为表现对象(表3-6)。

表3-6　元代纺织品中的兔纹形态

大耳朵兔	小耳朵兔

(2)动态与静态造型

元代纺织品中的兔纹造型有动、静两种形态,动态兔纹表现的是飞鹰逐兔的狩猎场景,此类题材与捕鹿题材一样归纳为"秋山",如私人收藏的缠枝牡丹绫地妆金鹰兔胸背袍,胸背纹样表现的是飞鹰猎兔,纹样成四方形,中间拼接,拼接的左块纹样题材为芦苇丛前有一只体型健硕的奔兔,试图躲避头顶飞鹰的追捕,兔子造型刻画写实细腻。兔耳朵曲线舒展,三瓣兔唇,兔眼的内外眼睑刻画细致,身后的芦苇被奔兔触动得枝叶飞舞。兔爪下有一枝灵芝卷草藤蔓,在兔头顶残存一只禽鸟的尾部。右边一块为一株芙蓉花,上端刻画一只凌空展翅的鹰,鹰的体型要比奔兔小很多,形成近大远小的空间感,鹰身后飘动朵朵灵芝祥云,衬托出鹰飞翔的速度,画面具有情节性,如一幅写实的绘画。

元代纺织品中除了表现具有情节性的动态画面,还有完全图案化的单纯装饰纹样,兔纹多为静态,如中国丝绸博物馆藏滴珠兔纹织金锦(图3-29),织物为一女性大袖袍的残片。织物肩部为带状纹样,前胸及背部两侧拼接的织物为滴珠窠内交错排列兔纹和牡丹花纹。以及私人收藏卷草地滴珠窠兔纹纳石失织金锦,卷草地上交错排列滴珠窠兔纹,滴珠窠曲边外圈似火焰纹。

(二)元代纺织品兔纹构图形式

(1)团窠及滴珠窠

滴珠窠在元代纺织品中是比较常见的构图形

图3-29　元滴珠兔纹织金锦(中国丝绸博物馆藏)

式（图3-30），纳石失织物中有几幅兔纹题材都为滴珠窠构图。虽然纳石失是源于西亚的纺织技术，纹样具有西域风格，但滴珠窠兔纹存在多重文化背景，除了表现狩猎的"秋山"题材还有源自佛教等宗教文化影响。

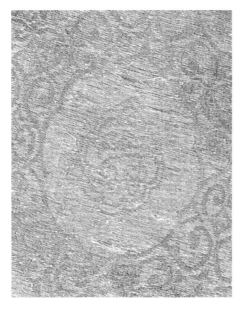

图3-30 元滴珠窠兔纹织金锦（私人收藏）

团窠题材的兔纹较少但非常有特色，如克利夫兰博物馆藏四兔团窠纹纳石失（图3-31），团窠内有四只奔兔共用双耳，团窠外底纹为毬路纹，而四兔耳部相连中间也形成了个方孔，如同一个大的毬路纹，构思巧妙。类似的兔纹形象在敦煌莫高窟隋代407窟中著名的三兔藻井也是共用兔耳组成团窠，表明兔纹此形早在隋代就已流行。

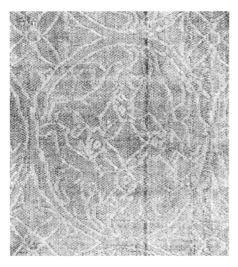

图3-31 元团窠兔纹纳石失（克利夫兰博物馆藏）

（2）散搭子

现存元代纺织品中兔纹有几件为散搭子构图形式，表现工艺有印金、织金或刺绣。在私人收藏印金兔纹纱上的散搭子纹样（图3-32）或奔兔纹织金散搭子纹样（图3-33），兔纹以一排正一排反两两错位排列,这种两两错排方式在元代其他题材装饰纹样中也常采用。

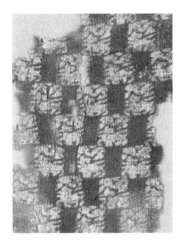

图 3-32　元印金兔纹纱散搭子(私人收藏)

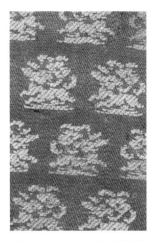

图 3-33　元奔兔纹金散搭子

（3）方补

元代袍服胸口装饰的胸背图案有选用兔纹题材,金鹰兔胸背纹表现的是海东青捕捉兔子的场景(图 3-34)。虽然兔子在后来明代文武官员补服中并未代表某一官阶,但是飞鹰捕兔为北方游牧民族所喜爱的表现狩猎场景的题材,并且灵芝兔子也有吉祥美好的寓意,应该是当时元代贵族日常服饰喜爱的装饰纹样。

（三）元代纺织品中兔纹的主要特征

① 元代纺织品中出现的兔子形象,根据耳朵的大小及体型特征或可分为善于奔跑的野兔和体型圆润的家兔。

② 兔纹形态可分为动态与静态两种,动态造型的兔纹题材更多地展现了北方游牧民族表现狩猎的"秋山"主题。静态造型主要表现吉祥寓意的主题。在动态与静态构图中都常出现灵芝兔子组合。[1]

图 3-34　元缠枝牡丹绫地妆花金鹰兔胸背纹(私人收藏)

③ 兔纹的构图形式主要有滴珠窠、散搭子、方补和缠枝纹,单元纹样多采用两两错排的形式组织。

四、摩羯鱼纹

"摩羯"又名摩迦罗(Makara),为佛教中的一种神鱼,此鱼源于印度佛教,长吻,鱼身长有双翅。《洛阳伽蓝记》载:"至辛头大河,河西岸有如来,作摩羯大鱼,从河而出。龙首鱼身,其地位类似中国的河神。"玄应《一切经音义》卷一曰:"摩伽罗鱼,亦云摩羯鱼,正言么伽罗鱼,此云鲸鱼,谓鱼之王也。"慧琳《一切经音义》卷二十三:摩羯鱼,此云大体也。谓即此方巨鳌鱼,其两目如日,张口如山间谷,吞舟光出,溃流如潮,若欲如壑,高下如山,大者可长两百里也。

最早的摩羯鱼造型可以在公元前 100 年桑奇二号塔浮雕中所见,有口衔小鱼的形象,也有口衔荷花和如意蔓的形象。吠陀神话中摩羯鱼是水神和恒河女神的坐骑,是吠陀时期欲神的标识,也被

---

[1]　刘珂艳.元代织物中兔纹形象分析[J].装饰,2012(10):125-126.

称作"长尾摩羯"。它是印度十二宫中的第十宫,相当于摩羯宫,即西方十二宫中的海羊。在古印度神话中,摩羯融多种动物形象于一体,它长有鳄鱼的前爪、大象的拱嘴或鼻干、野猪的獠牙和耳朵、鱼目、漩涡状的卷草尾翼。后经藏式文化演变过程中形成了长有狮前爪、马鬃、鱼鳃、卷须及鹿角的形象。许多金刚乘的武器上都画有摩羯,象征着韧性和力量。同时,作为水的象征——摩羯头也常装饰于建筑物顶或水源处。

魔羯鱼从魏晋南北朝时期随佛教进入中原后形象不断变化着,后与汉地的龙结合而为"长鼻龙",多见于寺院金项的四角,或饰于屋顶正脊两端。唐代开始广泛用摩羯纹进行装饰,金银器中多摩竭戏珠纹。辽金银器及辽代织绣作品中摩羯鱼造型更像鱼龙,即更接近于龙的形象而逐渐失去鱼的特点。宋耀州窑瓷器也常以摩羯鱼为纹饰,摩羯鱼在宋时曾被禁:"凡命妇⋯⋯仍毋得为牙鱼、飞鱼、奇妙飞动若龙形者。"[1]宋元时期摩竭形象多与凤鸟组合出现,后逐渐为龙形替代,转变为双龙戏珠或龙凤组合的图式。入明以后鱼龙形象被用于赐服图案,称为飞鱼补服。摩羯鱼与中国的龙、凤、麒麟一样作为祥瑞装饰题材,表达了人们希望借此可以得到恩惠和保护。

北京故宫博物院藏东晋时期顾恺之《洛神赋》(图3-35)(长27.1厘米、宽24厘米),画中在洛水女神船两边各有一只背上长有一排上翘的鱼鳍、猪鼻的怪鱼护航,应是摩羯鱼形象。

图3-35 东晋顾恺之《洛神赋》(北京故宫博物院藏)

(一)元代纺织品中的摩羯鱼形象

表3-7 元代纺织品中的摩羯鱼形象

	体型近似龙	体型近似鱼
头部		
身体		

---

[1] 赵丰.辽代丝绸[M].香港:沐文堂美术出版社有限公司,2004:139.

元代纺织品中出现的摩羯鱼形象有两种造型,单独出现的摩羯鱼体型似龙,头部较大,造型与龙头形象非常接近,身体瘦长弯曲,鱼尾绕至头顶,体型除了展开的双翅其他与龙的造型无区别,其已发展成近似于龙,称为"鱼龙";摩羯鱼与凤鸟组合中的摩羯鱼身体还是以鱼为造型基础,头部较小,夸张鱼尾,应是保留了摩羯鱼造型的初期形态(表3-7)。

(1) 单独出现摩羯鱼形象

现存元代的纺织品中摩羯鱼形象,如内蒙古达茂旗明水墓的出土的蒙古时期团窠鱼龙纹妆金锦(图3-36),摩羯鱼形象已接近龙的造型,身体组织成圆形团窠形,摩羯鱼扬起鱼尾部,展开双翅,昂首吐舌,头顶双角,龙首鳞身、怒目而视。鱼周身飘浮熊熊燃烧的火焰纹,龙首戏一火焰珠。纹样造型饱满有气势,在鱼脊、火焰纹及翅膀等部位用双勾线刻画细节,线面结合纹样整体而不失细节,纹样形态展现出翻江倒海的气势。织物平纹地上以片金织入,背后亦有地纬作背浮,是典型的金至蒙古时期的组织结构。元代纺织品中的摩羯鱼多以织金锦的形式表现,因此在织物制造技法、纹样题材及造型特征上都体现出西域外来风格。

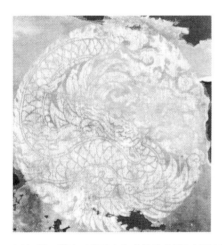

图3-36　蒙古时期团窠鱼龙纹妆金锦(内蒙古达茂旗明水墓出土)内蒙古考古研究所藏

(2) 摩羯鱼与凤鸟组合

元代纺织品中也出现摩羯鱼与凤纹组合,如美国克利夫兰博物馆藏摩羯鱼凤纹织金锦(图3-37),摩羯鱼与凤鸟二二错排,四周满布缠枝荷花、牡丹花和菊花等花卉。摩羯鱼头部较小,吐舌,下颚长有胡须,展开双翅飞舞,鱼尾比头还大,此摩羯鱼更多的保留鱼的造型特征。摩羯鱼与凤鸟的组合形象在唐代已很流行,在元代的其他工艺品装饰中也常用此题材,应表现吉祥寓意。

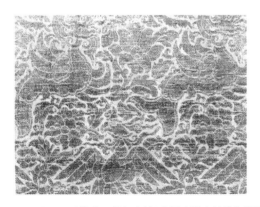

图3-37　元摩羯鱼凤纹织金锦(美国克利夫兰博物馆藏)

（二）元代纺织品中魔羯鱼构图形式

（1）团窠

团窠是元代纺织品中常用纹样构图形式,摩羯鱼装饰纹样也使用此构图形式组合成大团窠。

（2）缠枝花

缠枝牡丹穿插于摩羯鱼和凤鸟之间,画面构图紧密,形成满地效果。

（3）两两错排

摩羯鱼与凤鸟组合采用两两错排构图形式,此构图形式也常出现于鹿纹装饰构图中,在唐代织锦中已开始流行。

（三）元代纺织品中摩羯鱼主要特征

① 龙首鱼身,上唇上翻,肩长双翅,布满鳞片。

② 摩羯鱼除了单独形象出现,多与凤鸟组合。

③ 摩羯鱼随佛教进入中原装饰题材,与凤鸟组合应表现追求吉祥美好的愿望。

第二节　禽　类　纹　样

一、凤纹

凤凰作为中国最有代表性的祥瑞之一,被诸多专家学者撰文分析,但针对元代纺织品中的凤纹形象目前并没有做过专题研究。元代由于民族文化交融频繁,形成了一些非常具有时代特征的装饰纹样,凤纹就是其中之一。

元代明确了凤纹的皇家御用身份。如:《舆服志》中明令民间禁用凤纹,《元史·顺帝二》记载至元二年(1336)夏四月丁亥诏谓,其中禁服鸾凤。正式确定凤纹是权利和地位的象征,其身份的特殊成为时代流行装饰题材,民间更是欲禁不止,从出土的元代纺织品实物中能够看到大量凤纹俊美的身影。

（一）元代纺织品中的凤纹形象

目前发现的元代纺织品中装饰有凤纹的织物有十余件,主要有内蒙古元集宁路古城遗址出土、内蒙古博物馆藏棕色罗花鸟绣夹衫;中国丝绸博物馆藏印金罗短袖衫;江苏苏州曹氏墓出土,苏州博物馆藏罗带、青绘龙凤边饰和凤穿牡丹纹花绢裙;河北隆化鸽子洞窖藏驼色地鸾凤串枝莲纹锦被面;甘肃漳县出土凤穿牡丹纹织物;辽宁省博物馆藏仪凤图妆花织锦;敦煌莫高窟北窟元凤穿牡丹纹刺绣;北京故宫博物院藏凤纹织金锦;美国克利夫兰博物馆藏摩羯鱼凤纹织金锦;伦敦斯宾克公司藏凤穿牡丹缂丝;美国纽约大都会博物馆藏凤穿花红地织金锦,动物纹缂丝和元动物花鸟纹刺绣等(附录表)。

元代纺织品凤纹形象由头部、双翅及腹部、尾部三部分组成。凤鸟多数无足,目前仅有一例凤鸟有足,即北京故宫博物院藏织金锦凤纹(图3-38)。凤头有两种造型特征,一种形象近似鹦鹉,神态平和;另一种眼及嘴部近似鹰,气势凶狠。凤鸟头顶冠翎,上喙下勾,腮部飘舞长长的羽毛。凤鸟多平展双翅,下腹长有伞状排列的长条羽毛,凤鸟腹部造型变化不大。凤鸟尾部有两种造型,一种为3～5根长条单边齿纹长条尾羽,有时齿边也会变化为半圆形;另一种为单根卷草尾羽。凤鸟两种造型的尾羽是因表现雌雄有别而造型各异,凤鸟的雌雄身份在文献中并没有明确形象特征的描述,但确有雄凤雌凰的区别,据记载应先有凤而后有凤凰,"凤凰"实为"凤"的扩展(表3-8)。如甲骨文中的凤为雌雄同体,之后发展为雌雄有别。两汉时期司马相如脍炙人口的《凤求凰·琴歌》明确表明雄曰凤,雌曰凰。到明清时期凤凰逐渐确定为雌性,并与龙组合成为皇帝、皇后的身份象征。

表3-8 元代纺织品中的凤鸟形象

凤头	鹦鹉凤头		元摩羯鱼凤纹织金锦(美国克利夫兰博物馆藏),头似鹦鹉
	似鹰凤头		元织金锦凤纹局部(北京故宫博物院藏),头似鹰
双翅			元摩羯鱼凤纹织金锦(美国克利夫兰博物馆藏)
数根长条齿边尾羽			元凤穿牡丹缂丝(伦敦斯宾克公司藏)
单根卷草尾羽			元织金锦凤鸟纹

(图片:作者整理)

目前实物发现凤鸟两种尾部羽毛的造型多出现在双凤组合形式中,特别是以喜相逢式的上下自由组合构图。如果双凤是左右对称组合构图,双凤尾羽造型都为数根单边齿纹长条尾羽。双凤常嬉戏火焰珠,在凤鸟身边满布缠枝牡丹纹,表现吉祥寓意。纺织品中如仅出现单凤,凤鸟尾羽形象为数根单边齿状长条尾羽,此种造型尾羽的凤鸟也常与其他祥瑞组合出现。

(二)元代纺织品中凤纹组合造型

1. 单凤

元代纺织品中的单凤造型,凤鸟以单边齿纹的长条尾羽造型为主,也就是后来明清常见的凤鸟尾部造型。凤鸟头部偏小、凤嘴下勾,以团窠、满地构图为主。织物中单只卷草尾羽的凤鸟出现较少,卷草尾羽凤鸟多与数根长条齿边尾羽凤鸟组合成双出现。如北京故宫博物院藏织金锦(图3-38),凤鸟头部偏大、凤嘴如鹰嘴,形象凶狠,以至于被命名为鹰纹,但织物中凤鸟有明显的卷草尾羽,鹰没有尾羽,所以应为表现凤,凤纹采用西域织物中常用的两两错排,构图紧密。单凤常与花卉组合构图(图3-39),较为常见的是牡丹花与凤鸟组合表示富贵、繁荣兴旺的吉祥寓意。

图 3-38　元织金锦凤纹局部(北京故宫博物院藏)

图 3-39　元龟地团窠凤鸟纹锦

2. 双凤

元代纺织品中两只凤鸟组合非常有装饰特色。有两种尾部羽毛造型,一种为单根卷草纹凤尾;另一种为 3~4 根单边齿状长条凤尾,采用两种尾羽造型应是为了区分雄凤与雌凰。凤鸟头顶冠翎,上喙如鹰嘴厚实下勾,腮部飘舞长长的羽毛,双凤常嬉戏火焰珠,在凤鸟身边满布缠枝牡丹纹(表 3-9)。

表 3-9　元代纺织品中的双凤尾羽造型

	三至四根单边齿状长条凤尾	一根卷草纹凤尾	备注
双凤两种尾羽凤鸟造型			元凤穿牡丹纹(甘肃漳县出土)
			元青绘龙凤边饰(江苏苏州曹氏墓出土,苏州博物馆藏)
			元罗带(江苏苏州曹氏墓出土,苏州博物馆藏)
			元印金罗短袖衫(中国丝绸博物馆藏)
			元棕色罗花鸟绣夹衫(内蒙古元集宁路古城遗址出土,内蒙古博物馆藏)

双凤除了以上由卷草纹凤尾与3~4根单边齿状长条凤尾两种尾羽造型的凤鸟组合外,还有由两只同为数根单边齿状长条凤尾的凤鸟组合形象(图3-40),但目前还未发现由两只卷草纹凤尾凤鸟组合的形象。

（3）凤鸟与摩羯鱼组合

凤鸟与魔羯鱼组合纹样在元代也流行于其他工艺品中,织物由于受实物量所限,凤鸟与摩羯鱼组合纹样出现较少(图3-41、图3-42)。

（4）龙、凤及众多祥瑞组合

元代纺织品中除了龙凤组合以及前文提到的摩羯鱼与凤组

图3-40　元对龙对凤两色绫(伦敦斯宾克公司藏)

图3-41　元摩羯鱼凤纹织金锦(美国克利夫兰博物馆藏)

图3-42　元摩羯鱼凤纹织金锦中凤纹形象

合之外,还出现不少凤与众多祥瑞聚合出现的构图形式(图3-43、图3-44)鸟兽奔腾飞舞不仅表现了吉祥寓意,同时也传达出浓郁的生活气息。

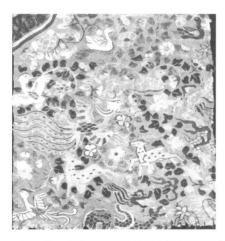

图3-43　元动物纹缂丝(美国大都会博物馆藏)

图3-44　元动物花鸟纹刺绣,绢地平绣(美国大都会博物馆藏)

（三）元纺织品中凤鸟纹的构图形式

（1）喜相逢式

喜相逢式的构图目前实物最早出现在法门寺地宫出土的鹦鹉纹锦上,此外还有蓝地团窠鹰纹锦及红地团凤纹妆花绫等(图3-45)。唐朝诗歌中已有服饰中运用成对凤凰的形象描述,王勃《秋夜长》"纤罗对凤凰",章孝标《少年行》"花衫对舞凤凰文"。宋代也出现凤凰喜相逢式构图纺织品实物,如:成都羊子山出土宋代团凤纹铜镜,图案为两只凤鸟一只尾羽为一支卷草纹,一支为五根单边齿纹长条羽毛,凤凰回旋飞转构成圆形团窠。元代刺绣双凤共戏火焰珠,或许借"颠鸾倒凤"寓意夫妻恩爱、两情谐好之意。

图3-45　元刺绣双凤纹

（2）滴珠窠

滴珠窠中出现的凤鸟以数根长条单边齿纹尾羽凤鸟为主(图3-46、图3-47)。元代织金锦中常出现以滴珠窠组织图案,此种窠形的流行可能源于模仿帔坠构图,滴珠形帔坠寓意升官、发财、夫妻和睦等吉祥含意,在后文构图章节将详细分析。

图3-46　元滴珠窠凤鸟织金锦

图3-47　元滴珠窠凤鸟织金锦局部

（3）缠枝花满地

元代纺织品中凤穿牡丹缠枝纹是凤纹最常见的构图形式。纹样组合有疏朗和繁密两种风格,一种风格花鸟组合细密繁缛,画面仅留较少底色如同勾边,另一种凤穿牡丹缠枝纹构图疏朗,留有大面积空地(图3-48、图3-49)。

图3-48　元凤穿牡丹纹花绢裙(苏州曹氏墓出土,苏州博物馆藏)

图3-49　元凤穿花红地纳石失织金锦(美国大都会博物院藏)

（4）一正一反错排

元代纺织品中凤鸟以滴珠窠、团窠或散搭子构图纹样中,常用一正一反错排构图,在整齐统一中寻求变化。此构图在元代纺织品中出现较多,动物通过面部一正一反朝向变化,根据疏密不同构成条状或散点排列效果（图3-50、图3-51）。

图3-50　元织金锦凤纹复原图(北京故宫博物院藏)

图3-51　元织金锦凤纹线描图(北京故宫博物院藏)

（四）元代织物中凤纹的主要特征

① 凤纹最主要的特征在尾部羽毛。凤鸟尾羽有两种造型用以区别雄凤雌凰,一种为3~4根单边齿状长条形羽毛为雌凰;另一种造型为一根辗转往复的卷草纹为雄凤。其中3~4根单边齿状长条形尾羽造型的凤鸟出现更频繁,并常与其他祥瑞组合,如龙、摩羯鱼。

② 凤纹的造型头顶有夸张的冠翎,颈部多有一根或数根飞舞的长条羽毛,雄凰瞪眼形象及鹰嘴造型更显凶猛。

③ 平展双翅,下腹与尾羽连接处有数根长条形长羽的造型。

④ 凤鸟多与缠枝牡丹纹组合成满地效果,构图有疏、密两种风格。

⑤ 凤凰纹样组合为两只凤鸟上呼下应似喜相逢构图,也有称为回旋式团窠,或者上下错排组织。[1]

---

[1]　刘珂艳,元代纺织品中凤鸟鹰嘴造型特征[J].装饰,2014(11):76-77.

二、鸾鸟纹

鸾鸟与凤鸟虽然关系紧密,但应是两种瑞鸟,有许多文献记载都将鸾鸟与凤鸟分别解释。《异苑》:鸾鸟,凤凰属也。《广雅》:鸾,赤神灵之精也。《说文》:又赤色,五采,鸡形,鸣中五音。《山海经·西山经》:鸣女床之鸾鸟,舞丹穴之凤凰。张衡《东京赋》:"鸾鸟自歌,凤鸟自舞"。《山海经·大荒西经》:"有五彩鸟三名,一曰皇鸟,一曰鸾鸟,一曰凤鸟。"《淮南子·卷四地形训》上写道:"羽嘉生飞龙,飞龙生凤凰,凤凰生鸾鸟,鸾鸟生庶鸟,凡羽者生于庶鸟。"屈原《涉江》:"鸾鸟凤凰,日以远兮;燕雀乌鹊,朝堂坛兮"。这些文献记载表明,作为祥瑞,鸾鸟与凤鸟有着密切的联系,并且鸾鸟善于歌唱,具有声音优美的特征。

宋代史记记载仪卫队伍人员服饰,分别装饰鸾鸟和对凤以区别仪卫队伍:"凡绣文:……六军以孔雀,乐工以鸾,耕根车驾士以凤衔嘉禾,进贤车以瑞麟,明远车以对凤,羊车以瑞羊,指南车以孔雀,记里鼓、黄钺车以对鹅,白鹭车以翔鹭,鸾旗车以瑞鸾……"[1]表明凤鸟与鸾鸟分别为两种瑞鸟。从文献区别鸾鸟是善于鸣唱,凤凰善于舞动,从造型上来看"鸾"的体型较"凤"小。在元代的纺织品中也能发现鸾鸟与凤鸟同时出现,表明元代将鸾鸟与凤鸟视为两种祥瑞。宋《营造法式》中分别画出凤鸟与鸾鸟的样式,表明宋时凤鸟与鸾鸟形象有别,但与元代纺织品中出现的凤鸟尾羽造型有所不同(图3-52),《营造法式》中凤鸟两种尾羽造型,一种为两根长羽末端有孔雀翎,另一种为卷草尾羽,鸾鸟尾羽为数根长条齿边尾羽形象。元代纺织品中凤鸟两种造型为卷草形尾羽与数根长条齿边尾羽组合(图3-53),鸾鸟尾羽为两根外卷长条尾羽或数根长条无齿边尾羽造型,表明元代纺织品中凤鸟与鸾鸟形象在宋代造型基础上有进一步发展。

图3-52 元营造法式中凤凰与鸾

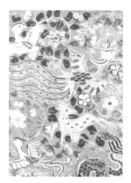

图3-53 元纺织品中凤鸟与鸾

(一)元代纺织品中的鸾鸟

元代纺织品中鸾鸟形象见表3-10。

表3-10 元代纺织品中鸾鸟形象

数根长条尾羽		
	元棕色罗花鸟绣夹衫中的鸾鸟(元代集宁路古城遗址出土,内蒙古博物馆藏)	元棕色罗花鸟绣夹衫中的鸾鸟(元代集宁路古城遗址出土,内蒙古博物馆藏)

[1] 《宋史》卷一百四十八志第一百一《仪卫六》。

续表

数根长条尾羽	 元动物花鸟纹刺绣(美国大都会博物馆藏)	 元鸾鸟牡丹纹缂丝(美国大都会博物馆藏)
两根外卷尾羽	 元棕色罗花鸟绣夹衫中的鸾鸟(元代集宁路古城遗址出土,内蒙古博物馆藏)	 元动物花鸟纹刺绣(美国大都会博物馆藏)
	 元驼色地鸾凤串枝牡丹莲纹锦被面被头(河北隆化鸽子洞出土)	

元代纺织品中鸾鸟的造型特征:

① 鸾鸟头顶的冠翎较小、简单,多为向上翘起的一绺羽毛,下巴没有飘舞的长羽。

② 鸾鸟的尾羽造型也很简单。分为两种造型,或为数根长条羽毛;或为两条长羽,末端分别向外卷起。

元代纺织品上的鸾鸟造型特征也表明了其与凤凰形象之间的联系及区别,如鸾鸟与凤鸟头部造型都有冠翎,元代凤鸟有舞动的冠翎,像一朵升腾的火焰,或是一朵卷草纹,下巴有一大绺如头发飘舞的羽毛,厚喙,口衔火焰珠,华丽夸张的尾部造型透露出凶悍、英武的气势。而元代鸾鸟冠翎简单仅为向上翘起的一绺羽毛,下巴无羽毛装饰,嘴小巧口衔折枝花或灵芝,尾部羽毛变化单一。口衔绶带的鸾鸟在汉代织物或墓室装饰中为常见形象,汉代用"瑞鸟衔绶"来表现家人门庭显赫、子孙仕途的发达,绶带被认为是做官的象征。鸾鸟口衔折枝花可能暗示声音美妙,传递美好希望。元代凤鸟的尾羽有两种造型,前文所述凤鸟的两种尾羽造型分别代表凤与凰,数根长条齿边尾羽为雌凰,单根卷草尾羽为雄凤;元代鸾鸟也有两种造型的尾羽,数根长条尾羽没有凤鸟的单边齿纹,两根长羽向外翻卷尾羽也没有元代凤鸟卷草尾羽华丽,结合凤鸟尾羽造型代表的性别形象,可区别数根长条尾羽的鸾鸟为雌性的,两根长羽向外翻卷尾羽鸾鸟为雄性。

比较鸾鸟与凤鸟的造型区别,如鸾鸟体型娇小,特别是当鸾鸟与凤鸟一起出现于织物纹样中,鸾鸟形象更显轻盈简洁,而凤鸟体型偏大气势威武。两种尾羽造型的鸾鸟同时出现或组合出现都有,而元代凤鸟的两种造型尾羽组合有规律,并且都非常华丽丰富。

（二）元代纺织品鸾鸟组合造型

（1）双鸾

元代纺织品中鸾鸟多成双出现，相互回望或并排飞舞，体型轻盈小巧，有的口衔折枝花显示祥瑞身份，头顶饰有上翘小巧的冠翎，嘴小，尾巴羽毛为两根外卷长羽或多根长条羽毛，尾部羽毛造型组合没有定式，双鸾尾羽造型一致或两种尾羽组合都有出现（图3-54）。

图3-54　元驼色地鸾凤串枝牡丹莲纹锦被面被头（河北隆化鸽子洞出土）

（2）与其他祥瑞组合

鸾鸟作为祥瑞之一也常与其他祥瑞云集出现，如纽约大都会藏博物馆动物花鸟纹刺绣（图3-55），鸾鸟与兔、鹿、牛等动物一起出现于缠枝花丛中，一幅生气盎然之景象，或者如蓝底鸾鸟缂丝，牡丹丛中飞舞的鸾鸟与回首奔腾的小鹿，展现清新的晨间景象。

图3-55　元动物花鸟纹刺绣（美国大都会博物馆藏）

（三）元代纺织品中鸾鸟构图形式

（1）散点构图

元代纺织品中鸾鸟主要以散点构图形式作为龙、凤等主要祥瑞的陪衬，或填补图案的空隙，穿插于缠枝花中，构成形式较为自由活泼。

（2）喜相逢式构图

双鸾的构图形式也会采用喜相逢式的上下排列回首相视的造型。

（四）元代纺织品中鸾鸟的主要特征

元代纺织品中鸾鸟的主要特征为：

① 鸾鸟体型轻盈小巧，头顶有一撮上翘的翎毛，嘴小巧，有的如鹦鹉嘴部下勾，但无元代凤鸟的鹰状嘴部夸张。

② 鸾鸟尾羽两种造型，主要为两至三根长条羽毛，两根长条羽毛末端向外翻卷，没有固定组合模式。

③ 鸾鸟在织物中主要在配角的位置以衬托主题纹样，或者用于填补纹样空隙处，所以鸾鸟装饰布局较为随意，没有团窠之类的主题构图纹样，常以散点构图为主。

④ 鸾鸟两两成双出现较多，或者与其他祥瑞群聚出现。

三、孔雀纹

孔雀翎华美多彩，汉代已有其记载，司马相如《长门赋》中有"孔雀集而相存兮，玄猿啸而长吟"之句，刘向《说苑》则称："夫君子爱口，孔雀爱羽，虎豹爱爪，此皆所以治身法也。"[1]早在北朝织物中已出现对狮、对孔雀锦，唐代用孔雀羽与丝线捻在一起织造"翠云裘"。[2]在佛教中孔雀是祥瑞的象征，壁画中表现密宗《孔雀经》形象为手持孔雀羽的孔雀明王坐在展翅的孔雀上，孔雀明王能够让人不受毒蛇侵袭。孔雀在元代经过宋人的描绘、物品交流的畅通，为广大百姓熟悉喜爱。

（一）元代纺织品中的孔雀纹形态

现存元代织物中孔雀纹样较为少见，可能源于保存原因及元代凤纹的流行，孔雀纹为主题的纺织品仅有两件。孔雀造型最具特征之处在于孔雀尾部的孔雀翎羽毛及竖直冠翎，如纽约大都会博物馆藏花地鸟兽缂丝（图3-56），横26厘米，纵55.5厘米。藏于内蒙古考古研究所，内蒙古达茂旗明水墓出土蒙古时期黄地方搭花鸟妆花罗（图3-57），织物二经绞罗地紫色纬浮妆花图案经向3.8厘米，纬向3.8厘米；循环经向17.6厘米，纬向7.6厘米，虽然孔雀尾羽并不太明显，但冠翎竖直为孔雀冠翎造型，孔雀神态安详静逸。

图3-56 元花地鸟兽缂丝（美国大都会博物馆藏）

图3-57 蒙古时期黄地方搭花鸟妆花罗（内蒙古达茂旗明水墓出土）

---

[1] ［西汉］刘向.说苑·杂言（卷十七）

[2] 出自［唐］王维的诗《和贾至舍人早期大明宫之作》中的诗句"绛帻鸡人报晓筹，尚衣方进翠云裘。"

（二）元代纺织品中孔雀纹构图形式

元代"孔雀牡丹"纹样也是成熟组合形式,孔雀及其他鸟类与牡丹、山石图案组合是宋金元时期一常见题材,在绘画、刺绣、金银器、砖雕等装饰题材都能看到组合图案。由于凤凰、鸾鸟被多次颁布禁令不许民间私造,与此构图近似,同样具有瑞禽身份的孔雀纹也成为民间流行的装饰题材。这种成熟的组合定式在南宋缂丝中有精彩展现,如辽宁省博物馆藏南宋缂丝紫鸾鹊,织物中孔雀成左右,对称构图飞舞于牡丹花枝两侧,头顶冠翎及尾部羽毛形象为孔雀特有的眼状羽毛,特别是在一对孔雀的四周各飞舞一只长条尾羽的鸾鸟,正好表明南宋织工已明确区分孔雀与鸾鸟的形象,同与缠枝牡丹花组合表现吉祥美好寓意。据《存素堂丝绣录》记载:"宋缂丝紫鸾雀谱。紫色地五彩织。纵四尺一寸,横一尺七寸三分:厥文鸣章,惟禽九品。一为文鸾,二为仙鹤,三为锦鸡,四为孔雀,五为鸿雁,六为白鹇似鹊,七为鹭鹚,八为鸂漱,九为黄鹂,形似练雀。和鸣飞翔,其数皆偶。刻丝花色青紫间杂。衬以文藻。"[1]记录了服饰中鸾鸟、孔雀纹样的等级标准。宋代平民是禁服紫色的,此缂丝或许为宫廷使用,画面花鸟争艳齐鸣的热闹景象的构图形式在元代继续沿用。

（三）元代纺织品中孔雀纹主要特征

① 孔雀头顶冠翎及尾部羽毛具有明显的眼形孔雀翎,为区分孔雀的主要特征。

② 孔雀与牡丹成为固定组合形式,孔雀有单只或成对栖于缠枝、折枝牡丹间。

③ 孔雀作为祥瑞之一也出现于与其他祥瑞组合形象中,如与鸾鸟、鹿等装饰题材组合使用。

四、水禽纹

元代纺织品表现莲花池塘小景的"春水"纹和"满池娇"纹中,常出现成双的鹭鸶、大雁、鸳鸯、鸭子等水鸟嬉戏于莲叶下,这两个题材将在第五章节详细分析。"春水"纹主要表现北方民族春天鹰捕猎大雁的场景,因此莲花池中有大雁形象应是源自"春水"纹。"满池娇"中水禽形象丰富,主要表现夫妻恩爱的主题,因此鸳鸯、鹭鸶、鸭子形象运用较多。

（一）元代纺织品中的水禽形象

表 3-11　元代纺织品中的水禽形象

大雁、鸭子、鸳鸯		元刺绣莲塘双鸭局部(内蒙古黑城遗址出土,内蒙古博物馆藏)
		元棕色罗花鸟绣夹衫局部(元代集宁路古城遗址出土,内蒙古博物馆藏)

[1]　田自秉,吴淑生,田青.中国纹样史[M]北京:高等教育出版社,2003:287.

大雁、鸭子、鸳鸯		元荷花鸳鸯刺绣护膝局部（美国克利夫兰博物馆藏）
	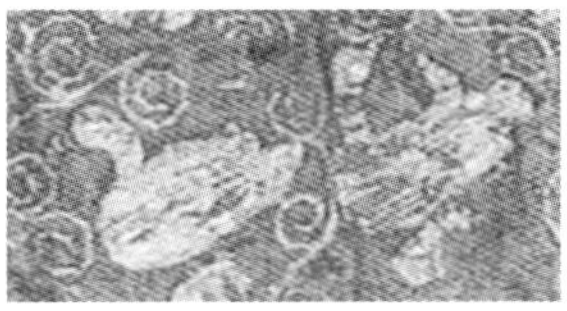	元荷花鸳鸯刺绣护膝局部（美国克利夫兰博物馆藏）
		元棕色罗花鸟绣夹衫局部（元代集宁路古城遗址出土,内蒙古博物馆藏）
鹭鸶	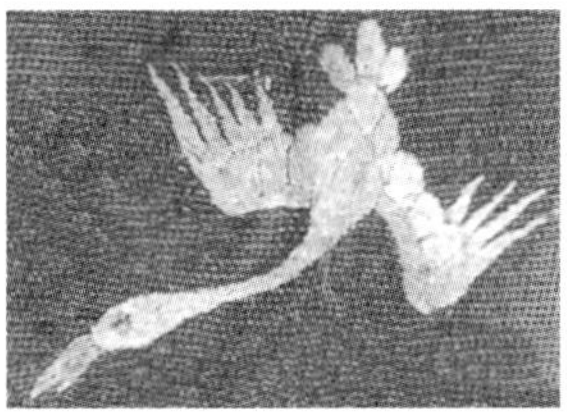	元棕色罗花鸟绣夹衫局部（元代集宁路古城遗址出土,内蒙古博物馆藏）
	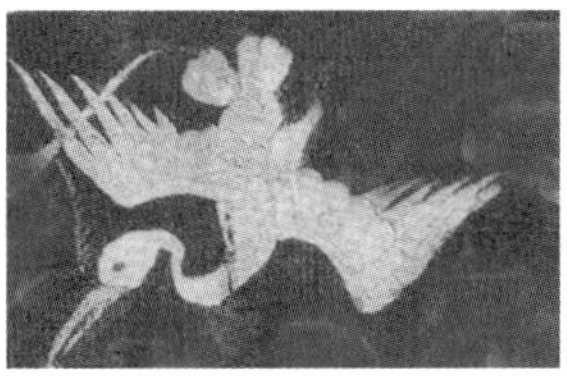	元棕内蒙古棕色罗花鸟绣夹衫局部（元代集宁路古城遗址出土,内蒙古博物馆藏）
		元棕色罗花鸟绣夹衫局部（元代集宁路古城遗址出土,内蒙古博物馆藏）
		元棕色罗花鸟绣夹衫局部（元代集宁路古城遗址出土,内蒙古博物馆藏）

比较元代纺织品中出现的水禽形象,多成对出现与水草组成小景,以刺绣技法表现为主。

① 大雁。现实生活中大雁体型比鸭子大,脖子长,纺织品中由于表现技法和展现空间有限,大雁、白鹅与鸭子形象相近。纹样中的禽鸟多成双成对,应为表现婚姻幸福美满之意,而大雁、白鹅与鸳鸯比鸭子更具有此层寓意,所以织物中看似鸭子的形象有可能是大雁或白鹅。两只水禽一只昂首前行,另一只转头回望。

② 鸳鸯。鸳鸯的形象特征为头顶有翘起的冠翎,织物中鸳鸯头顶的冠翎刻画仔细,但也有实物将头顶没有任何装饰对鸟也命名为鸳鸯,或许因鸳鸯莲池形象太深入人心,以至于给织物定名时未仔细区分,头顶没有上翘冠翎的水禽应为大雁或白鹅。

③ 鹭鸶。成对的鹭鸶是元代纺织品"满池娇"纹样中常出现的水鸟题材,对鹭鸶形象一只展翅俯冲正待降落,一只站立水中曲项张望,动态舒展。

(二) 元代纺织品中的水禽形象特征

元代纺织品中出现的水禽形象,主要为成对的鸳鸯、鹭鸶、大雁,由于刺绣表现的大雁、鸭子和鹅形象概括、缺少细节,形象及构图与宋代表现池塘花鸟画构图及水鸟形象极为相似,刺绣粉本可能来自对宋代花鸟画形象的提取。

五、格里芬纹

格里芬(Griffin)为元代纺织品中具有外来文化特征的题材之一,归纳织物中命名格里芬的动物形象非常多变,有的似兽、有的似禽,确定不变的是都长有双翅,并以两两相对的构图形式装饰于圆形团窠内。格里芬图案的流传历史非常久远,公元前三千纪起源于两河流域,在公元前2世纪左右的桑奇2号塔的栏楯浮雕上已出现了单只鹰嘴狮身、肩长双翼的格里芬形象。格里芬流传的地域也非常广,俄罗斯艾尔米塔日博物馆(冬宫)所藏巴泽雷克2号墓出土古尸的纹身中,即发现具有格里芬部分特征的源于西亚的鹰、狮混合神兽形象。在新疆维吾尔自治区博物馆展出的通常称为"铜环"或"铜圈"的器物实际上也是具有格里芬形象特征的装饰品。广州郊区南越国官吏墓和1983年发掘南越王墓出土了较多的动物纹牌饰,工艺为浮雕或透雕技法,形象为两羊交缠、一龙两龟交缠造型,与在宁夏回族自治区同心县倒墩子村匈奴墓出土的两羊交缠、一龙两龟交缠造型相同,这种两动物交缠在一起的造型有学者认为是受斯基泰艺术风格的影响。[1]虽然中原早期也有许多有翼神兽形象,如辟邪、天禄等,但形象与中亚、西亚及欧亚草原流行的格里芬形象还有一定差距。现发现元代纺织品中装饰格力芬形象的织物有十余件。

(一) 元代纺织品中的格里芬形象

元代纺织品中的格里芬可区分为鹰首狮身、带翼狮、人面狮身、鹰首羊身、豹身等形象,李零《论中国的有翼神兽》一文将格里芬分为三类:鹰首格里芬或鸟首格里芬、狮首格里芬或带翼狮、羊首格里芬或带翼羊。[2]由于元代纺织品中的格里芬形象更加丰富,因此将格里芬形象归类进行分析,主要区别在于头部和身体组合的动物形象不同。

1. 人面狮身

元代纺织品中格里芬具有狮子形象特征主要实物有美国克利夫兰博物馆藏元黑地团窠对狮对格里芬织金锦(图3-58)、内蒙古达茂旗明水墓出土元对狮身人面织金锦(图3-59、图3-60)、私人收藏元狮首纹纳石失(图3-61),以及一件对狮纹风帽。此外,私人收藏瓣窠对格里芬纳石失及大都会藏团窠对鹰首格里芬纳石失,虽然格里芬的主要特征体现在鹰首,但是身体部分还是保留狮子造型。

---

[1] 黄展岳.关于两广出土北方动物纹牌饰问题[J].考古与文物,1996(2):55.

[2] 李零.论中国的有翼神兽[J].中国学术.2001,(1):116-117.

在美国克利夫兰博物馆藏元黑地团窠对狮对格里芬织金锦（图3-58）的圆形团窠内装饰人面狮身S形扭转的对狮蚁，狮首披卷曲的鬃发，狮子肩部长有一对花叶纹饰的翅膀，翅膀尖端相连生长出一枝花，狮尾穿过两腿间踩在一只脚下，尾末端为一龙首。窠内装饰细密的卷草纹，团窠外四角装饰S形扭身的鹰首格力芬。

图3-58　元黑地团窠对狮对格里芬织金锦（美国克利夫兰博物馆藏）

内蒙古达茂旗明水墓出土元对狮身人面织金锦，团窠内装饰一对左右对称构图的狮身人面形象，头戴一王冠状的头饰，卷曲的鬃毛从头顶一直披至肩部，肩生翅膀，翅膀顶端相连向上生长出一枝花，脚踩狮尾。团窠内外空隙处装饰类似于三瓣叶的卷草纹。

图3-59　元对狮身人面织金锦（内蒙古达茂旗明水出土）

图3-60　元对狮身人面织金锦线描图

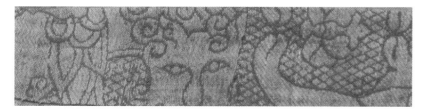

图3-61　元狮首纹纳石失（私人收藏）

中国最早有狮子记载的是《汉书·西域传赞》记："……自是之后，明珠、文甲、通犀、翠羽之珍盈于后宫,蒲梢、龙文、鱼目、血汗之马充于黄门,巨象、师子、猛犬、大雀之群食于外囿。殊方异物,四面而至。"[1]孟康注《汉书·西域传》时描述了狮子的形象:"狮子似虎,正黄,有须,尾端茸毛大如斗"。记载表明在汉武帝通西域后,西域通过丝绸之路进献狮子,当时对其造型已有初步了解,由于进献数目稀少且制作工匠并不一定能亲眼所见,所以表现时加入自己的想象成分。新疆阿斯塔纳出土北朝对狮对象纹锦、方格纹锦,表明在北朝时期,狮子作为一种吉祥纹样出现在织物中。随着魏晋时期佛教的传入,佛经中有狮为百兽王的说法,佛经并以佛陀为人中狮子,释典中有"狮子吼""狮子奋迅""狮子游戏三昧"等说法,此外释迦牟尼下凡入胎、六牙白象等佛教本身故事传说,使得狮子在佛教中具有重要地位。至唐朝狮子造型在织物中形象增多,如中国丝绸博物馆藏唐代立狮宝花纹锦,甘肃敦煌出土唐团窠尖瓣对狮纹锦,狮子造型由卧狮形象发展为相视而立于联珠纹中,狮子肩部有翼,尾巴上扬的形象。唐代艺术家已对狮子形象更加了解,唐太宗曾命虞世南作《狮子赋》,阎立本绘制《西旅贡狮图》和《职贡狮子图》,但是元代织物中的带翼狮身格里芬形象已明显不是唐代织物中的狮子形象。

元代纺织品中的人面狮身格里芬形象主要是面部似人脸,身体部分为狮子造型,归纳造型特征主要为以下几点:

① 整体构图:左右对称构图的狮子装饰于圆形团窠内,窠内紧密的底纹衬托没有太多装饰的狮子。狮子左右对称的中间空隙处装饰有一束花。

② 身体动态:狮子为侧身转体,站立姿势,面部对视相望,胸部相背,两翅膀尖端相连。

③ 头部:眉、眼、鼻如人面,嘴部内凹,后脑披有卷曲的鬃毛。

④ 肩:肩部由前肢根部生长出翅膀,翅膀比例偏小装饰有卷草纹饰,狮子侧身转体,出现一只翅膀。

⑤ 四肢:两前肢抬起,里侧一肢在上外侧一肢向下,连接翅膀的腿根部装饰有花纹,狮子爪子如猫爪,分有三趾。两后肢,外侧一肢站立两足相靠,内侧一肢抬起。

⑥ 尾部:两狮子尾部相靠,由外向里或由里向外穿过两腿间,踩在一只后爪下,狮尾末端有的装饰为一只吐舌的龙头。

(2) 鹰首狮身

元代纺织品中格里芬有一类的造型特征体现在头部似鸟,由于鸟喙下勾如鹰嘴,所以归纳为鹰首一类格里芬。主要实物有私人收藏元瓣窠对格里芬纳石失,大都会藏元团窠对鹰首格里芬纳石失,以及元代集宁路古城遗址出土元龟甲地瓣窠对格里芬彩锦。虽然格里芬的头部造型似鹰,但身体部分出现两种动物形象,一种身体造型似狮子;一种身体造型似羊。

私人收藏元瓣窠对格里芬纳石失[2](图3-62),织有阿拉伯文字的圆形团窠,内装饰两 S 形扭身的鹰首狮身格里芬。鹰头长双耳,鹰嘴下勾,圆眼珠下有长泪珠形装饰。肩生翅膀装饰卷草纹,两翅膀尖端在中心轴相交向上生长出一朵花。对格里芬身体周遍空隙装饰缠枝花。

美国大都会藏元团窠对鹰首格里芬纳石失(图3-64),厚实的鹰嘴向下勾,头顶双耳,肩部有三撮上翘的羽毛,肩部翅膀分为三片向下卷曲的羽毛,两格里芬翅膀尖端相连向上延伸至头顶开出花朵,狮尾穿过两腿间,被一狮爪踩着。两格力芬充满椭圆形团窠,窠内已无太多空隙装饰花纹,窠外饰有细密的卷草纹。

[1] 李仲元.中国狮子造型源物初探[J].社会科学辑刊,1980(1):108.

[2] 赵丰.中国丝绸通史,[M].苏州:苏州大学出版社,2005:372

图3-62　元瓣窠对格里芬纳石失(私人收藏)

图3-63　元瓣窠对格里芬纳石失

图3-64　元团窠对鹰首格里芬纳石失(美国大都会博物馆藏)

美国克利夫兰博物馆藏元黑地团窠对狮对格里芬织金锦(图3-65),窠外装饰鹰面狮身格里芬,眼睛下有长泪珠形装饰,头顶竖立尖尖的双耳。狮身侧转,在狮尾末端装饰有一兽首。

图3-65　元黑地团窠对狮对格里芬织金锦(美国克利夫兰博物馆藏)

元代纺织品中鹰首狮身格里芬,身体如狮子部分与人面狮身格里芬造型相似,区别在头部造型,归纳造型特征主要为以下几点:

① 整体构图：同人面狮身。左右对称构图的狮子装饰于圆形团窠内，左右对称的狮子中间空隙处装饰有一束花。

② 身体动态：同人面狮身。狮子为侧身转体，站立姿势，面部对视相望，胸部相背，两翅膀尖端相连。

③ 头部：眼睛连着一撮向上翘起的羽毛，在头顶竖起如两个尖尖的耳朵。嘴巴如鹰嘴向下勾。

④ 肩部：肩部由前肢根部生长出一只翅膀。

⑤ 四肢：同人面狮身。两前肢抬起，两后肢中的外侧一肢站立两足相靠，内侧一肢抬起。

⑥ 尾部：两狮子尾巴相靠，由外向里或由里向外穿过两腿间，尾端或装饰一兽首。

（3）鹰首羊身

元代纺织品中除了鹰首狮身还出现了鹰首羊身格里芬形象。如元代集宁路古城遗址出土元龟甲地瓣窠对格里芬彩锦[1]（图3-66~图3-68），在椭圆形花瓣边团窠内装饰S形扭身对兽身鹰嘴格里芬，格里芬头长双角、圆眼、鹰嘴，并强化鹰嘴的厚度。身上装饰卷草纹如卷曲的羊毛，一对翅膀向两边平展，尖端圈曲，中心轴两边的翅膀尖端并未相交，而生长出一根线与中心的花束相连。腿短、四肢长有羊蹄，两格里芬尾部相交装饰成一朵花。格里芬周遍没有其他细纹装饰，仅通过深色地衬托。

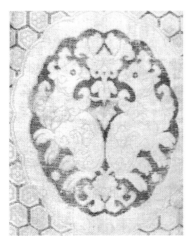

图3-66 元龟甲地瓣窠对格里芬彩锦（元代集宁路古城遗址出土）

图3-67 元龟甲地瓣窠对格里芬彩锦复原图

图3-68 元对格里芬锦（中国丝绸博物馆藏）

---

[1] 赵丰.中国丝绸通史[M].苏州：苏州大学出版社，2005：372.

归纳形象特征为：

① 头部：在头顶竖起如两个尖尖的曲边弯角，如羊角。嘴巴如鹰嘴，厚实向下勾。

② 肩部：展开双翅，肩部由胸前生长出两只翅膀。

③ 四肢：四肢羊蹄造型。

④ 尾部：两尾盘结在一起组成一朵花。

⑤ 整体构图：椭圆形窠内，左右对称构图，中间空隙处装饰有一束花。

⑥ 身体动态：侧身转体，站立姿势。

（4）其他兽类

格里芬不论形体如何变化，应是长着翅膀的兽，但元代纺织品中还出现团窠对兽形象，兽的动态姿势也是采用格里芬的对称扭身姿势，却无翅膀，如元瓣窠对兽纹织金锦（图3-69、图3-70），花瓣形团窠内装饰似豹、似狗的对兽，两耳竖于头顶，颈至肩部有一条细密的装饰带，肩部翅膀不明显，肩部凸起一块结构并不像翅膀，脚踩尾巴，尾巴末端为一张嘴似蛇的兽头。团窠内外空隙处装饰细密的卷草花卉纹。

图3-69　元瓣窠对兽纹织金锦（美国克利夫兰博物馆藏）

图3-70　元瓣窠对兽纹织金锦复原图

美国大都会藏元蓝地樗蒲形窠内装饰对称怪兽（图3-72），头部凶狠张嘴，后脑生长出如蛇尾卷曲的毛发，肩部没有翅膀，羊蹄踩着尾巴。外圈由阿拉伯文字组成团窠。

图3-71　元蓝地樗蒲形窠内装饰对称怪兽局部

图3-72　元蓝地樗蒲形窠内装饰对称怪兽（美国大都会博物馆藏）

（二）元代纺织品中格里芬形象特征

① 格里芬的形象组合分为四种类型：人面狮身、鹰面狮身、鹰面羊身，以及其他兽类。

② 团窠及椭圆窠形，窠内纹样左右对称构图，窠边框有的装饰阿拉伯文字，有的无装饰。

③ 肩部长有翅膀，翅膀尖端相连向上生长出一枝花，前肢抬起，两兽各一后肢在中轴线左右并拢，尾巴踩在脚下，有的格里芬在尾巴尖端为一龙头形象。

六、双头鸟及对鸟纹

元代织物纳石失中特殊的装饰题材除了格里芬，双头鸟也极具外来元素特征，双头鸟平展双翅，两足分开立于身体两侧，特征在头部，从肩部生长出两个鸟脖，鸟头左右侧视，鸟嘴如鹰嘴下勾，眼部周围有装饰，在西方10至13世纪织物中非常常见。双头鸟形象在中原流传时间久远，《山海经》及佛教壁画中已有描述和记载。《山海经·西山经》曰："其鸟多鹮，其状如鹊，赤黑而两首四足，可以御火。"中国在新石器时代河姆渡文化出土了刻有双头鸟纹的骨匕，纹样可能与表现太阳有关。之后不同时期都有双头鸟形象出现，唐代由于受佛教艺术的影响，双头鸟造型为人面鸟身的"共命鸟"，形象与元代纺织品中的双头鸟造型有很大区别。元代纺织品中双头鸟造型在同时期其他工艺品装饰中较少出现，织物中双头鸟细节造型与西方流行的双头鹰极为相似。西方双头鹰的流传历史久远，英文称为"Double-headed eagle"，早在土耳其博阿兹柯伊（Boazkoy）出土公元前1750年或公元前1715年雕成的古赫梯（Hittites）泥章上有双头鹰像。在拜占庭帝国和圣罗马帝国时期它曾是军权或国家的象征，至今仍然在一些组织机构标志中使用。元代织物团窠内装饰左右对称构图的鸟类形象纳石失也较多，如对鹦鹉纹、对雕纹等，在此与双头鸟归纳于一个章节对比分析。

（一）元代纺织品中双头鸟形象

元代纺织品中双头鸟头部形象与鹰面格里芬极为相近，都长有尖尖竖起的双耳，眼睛侧面和下面都有一撮装饰羽毛，嘴巴上喙厚实下勾，相比较双头鸟的嘴部造型更加像鹰，而格里芬的嘴偏小巧如鹦鹉。总体形象格里芬与双头鸟都是源于对鹰的形象发展（表3-12）。

表3-12　双头鸟头部与鹰面格里芬头部形象比较

鹰面格里芬头部	双头鸟头部
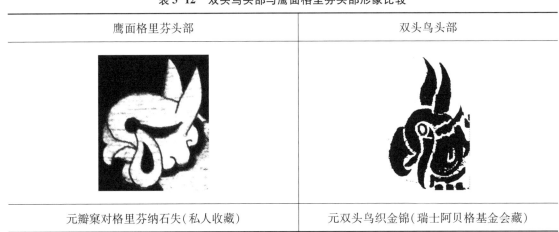	
元瓣窠对格里芬纳石失（私人收藏）	元双头鸟织金锦（瑞士阿贝格基金会藏）

瑞士阿贝格基金会藏双头鸟织金锦（图3-73），平展双翅的肩部长有两个夸张鹰嘴的鸟头分视左右两边，鸟背饰有花朵，尾部两侧伸出粗壮有力的鹰爪，爪踩一四瓣花朵。

图 3-73　元双头鸟织金锦（瑞士
阿贝格基金会藏）

图 3-74　元双头鸟织金锦复原图

美国克利夫兰博物馆藏元瓣窠对兽双头鸟纹纳石失（图3-75），团窠外形成的菱形部分装饰一双头鸟，平展双翅，肩上生长两个鸟头分视左右两边，鹰嘴并未夸张，鸟背部装饰一花朵，尾巴两侧向上卷起，尾末端有一龙首被鹰爪有力的踩着。在双头鸟四周用细密的缠枝花纹填充空隙。

美国克利夫兰博物馆藏元红地双头鸟织金锦（图3-76），平展双翅，分视左右两边的鸟头眼睛饰有下垂的泪珠形装饰，并未强化鹰嘴造型，鸟背装饰一团花，鸟爪踩着鸟尾两侧向上卷起变为张嘴的龙首，如图3-77。

图 3-75　元瓣窠对兽双头鸟纹纳石失
（美国克利夫兰博物馆藏）

图 3-76　元红地双头鸟织金锦（美国克利
夫兰博物馆藏）

图 3-77　元红地双头鸟织金锦复原图

海克舒收藏的蒙元时期草地瓣窠对狮双头鹰锦,如图3-78、3-79,圆形窠内装饰一双头鹰,平展双翅,肩上长出两个鸟脖,鸟头分视左右两侧,鹰嘴上喙厚实,夸张下勾,眼部有一撮装饰的羽毛,翅尖及尾部卷曲羽毛均匀地填充空间,形成完整的圆形团窠纹样。

图3-78　蒙元时期卷草地瓣窠对狮双头
鹰锦(海克舒收藏)

图3-79　蒙元时期卷草地瓣窠对狮双头鹰锦复
原图

阿贝格基金会藏元红地双头鹰纹锦,如图3-80、3-81,双头鹰颈部合为一体,两鸟头左右侧面分视两边两高耸,与鸟头形成半圆弧形,鹰翅下端与双脚组合与尾部形成半圆,整体适合于椭圆窠形。

图3-80　元红地双头鹰纹锦
(阿贝格基金会藏)

图3-81　元红地双头鹰纹锦复原图

归纳元代纺织品中双头鸟的造型特征:

① 双头鸟可以为纺织品主题纹样,或为格里芬团窠外的副纹,作为主题纹样往往在一窠内,但窠形有变化,有圆形、椭圆形等。

② 整体构图:左右对称。

③ 头部:两头正侧面左右分开,颈部相连。头顶长有尖尖的双耳,眼睛周边长有装饰的羽毛,鹰嘴下勾,厚实有力。

④ 身体:颈部以下的身体部分统一为一只鸟的形象。平展双翅,张开双腿,爪子有力。

⑤ 尾羽:尾羽撑开,在尾羽的两侧分别装饰两撮羽毛向上卷起,在卷起羽毛的末端为一兽首。

双头鸟形象起源比较多元化,元代纺织品中的双头鸟形象应为织工表现西方装饰题材双头鹰,参考维基百科上对双头鹰的解释,流行于欧洲的双头鹰都源自拜占庭帝国,拜占庭皇室原来沿用罗马帝国单头鹰标志,在伊萨克一世在位时,帝国改用双头鹰为国徽,以显示帝国土地的地理特性,即拜占庭继承了罗马帝国在欧洲和亚洲东西两部分领土,拜占庭君主身兼东西两方之王者,自此以后,包括尼西亚帝国时期,拜占庭帝国一直使用双头鹰作为国徽标志。鹰在西域及更远的拜占庭、古罗马时期都有很高的地位,元代游牧民族也喜爱养鹰,因此鹰的造型元素在元代双头鸟、凤鸟、格里芬等禽鸟构图里都有体现,特别是有力的鹰嘴。

格里芬和双头鸟的形象中都会出现近似龙头的兽首形象,并且被爪子牢牢抓住,这一定有某种含义。有趣的是佛教中的金翅鸟在表现其形象时常为鹰嘴鸟首人身,它是蛇或龙的死敌,可以降龙,靠食龙为生,元代金翅鸟表现为人身鸟头形象。元代纺织品中格里芬、双头鸟与龙组合的形象或许正是表现这一古老的传说。

(二)元代纺织品中对鸟形象

元代纺织品中还存在一种对鸟纹样,与格里芬和双头鸟相似的部分是都是左右对称构图,底纹细密繁缛以衬托主体形,风格极其相近。如德国 Krefeld 纺织博物馆藏元黑地对鹦鹉纹纳石失(图3-82),团窠内装饰侧面造型对鹦鹉,两对鹦鹉扭身回首,两嘴相连,翅膀自然下垂。翅膀肩部装饰一双环圆形图案,环内装饰近似阿拉伯文字造型图案。窠内鹦鹉周边装饰细密的缠枝花纹,在窠外装饰有龙纹。

元对立鸟纹纳石失织金锦(图3-83、图3-84),两对鸟为扭身回首的姿态,两嘴相连,翅膀自然下垂,在翅膀肩部装饰有圆形菊瓣纹,两对鸟的翅膀尖和尾部相连。鸟周边空隙用细密的花卉纹装饰。

图3-82　元黑地对鹦鹉纹纳石失
(德国 Krefeld 纺织博物馆藏)

图3-83　元对立鸟纹织金锦
(蒙元文化博物馆藏)

图3-84　元对立鸟纹织金锦复原图

内蒙古达茂旗明水墓出土的元对雕纹风帽(图3-85、图3-86),两雕正面相对而立,鸟嘴、胸部和爪相连。如鹰嘴下勾,眼睛下有装饰线,鸟身内并未有过多装饰,身外空隙部位装饰细密的花卉图案。

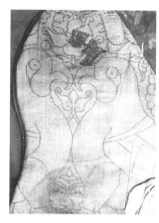

图 3-85 元对雕纹风帽(内蒙古达茂旗明水墓出土)

图 3-86 元对雕纹纹样复原图

归纳元代纺织品中对鸟形象特征:

① 对鸟有两种动态:一种为鸟背相对,扭身回首姿势;一种是正面相对而立。

② 鸟的眼睛周边都有装饰,鸟嘴下勾如鹰嘴。

③ 鸟身装饰不多,身外空隙部位装饰细密的花纹。

（三）元代纺织品中双头鸟及对鸟形象特征

共同点:

① 多采用窠内左右对称构图,鸟身体并未过多装饰,身体外装饰细密的花卉纹。

② 鸟嘴部下勾,如鹰嘴形态。眼睛周边有装饰细纹。

③ 形象有与龙首或龙纹组合的特征,并常出现阿拉伯文字作为装饰元素。

相异处:

① 双头鸟,为两个鸟头分视左右,颈部一下身体共一个鸟身。

② 对鸟,两个独立的鸟对称而立。

第三节 植物类纹样

元代纺织品中植物类题材在装饰纹样上占有非常重要的一部分,这主要是受宋代花鸟画发展兴盛的影响,为元代纺织品装饰中的花卉植物题材发展奠定基础。宋代在纺织品的装饰纹样上就已开始形成了一些代表某种寓意的固定组合模式,元代在此固定组合的植物纹样上继续发展。

一、牡丹纹

牡丹纹在元代纺织品纹样中有着重要地位,特别是缠枝牡丹纹为连接不同纹样的常见题材。牡丹象征着富贵而深受百姓喜爱。据文献统计元代种植的牡丹品种总计有 194 个,花型、花色相当丰富,花型有单瓣(单叶)、多重瓣(多叶)、重瓣(千叶)之分,并且品种中重瓣最多,单瓣最少,体现在元代纺织品中不同角度的牡丹花头造型都是表现重瓣牡丹。波纹骨架上辗转往复不同角度盛开的牡丹花构成缠枝牡丹纹,其他花卉、祥瑞组合穿插其间,组成具有不同吉祥寓意的装饰纹样,也表明当时人们对美好生活的无限向往。

　　牡丹纹重要成熟期在唐代,晚唐著名画家周昉所绘《簪花仕女图》,图中仕女服饰纹样便为大朵的牡丹花。开元年间织物中花卉题材主要为融多种花卉特征于一体的宝相花,宝相花具有牡丹、茶花、石榴花等花卉的造型元素,发展至晚唐时期牡丹花特征愈加明显,花型由图案型的宝相花发展为较为写实自然的牡丹花。至宋时,文人开始为牡丹撰写专著,如欧阳修的《洛阳牡丹记》、陆游的《天彭牡丹谱》、丘浚的《牡丹荣辱志》等。宋代观赏牡丹之风更盛,宋写实花鸟画的发展成熟也进一步促进了牡丹纹的流行,牡丹纹也成为宋代工艺品装饰中最为常见植物纹样之一。纺织品中牡丹纹,据《宋史》载相州贡赋纺织品有"暗花牡丹纱"。自然风格的穿枝牡丹在宋元祐元年常用于装裱,元陶宗仪《辍耕录》记载宋代书画装裱名色中有"牡丹方胜""倒仙牡丹"等花样,现藏辽宁省博物馆的南宋朱克柔缂丝牡丹即为工笔淡彩绘画风格。牡丹纹不仅装饰于织物中,在宋代瓷器、漆器、金银器、建筑装饰中都常见其身影。在宋人表现牡丹花的基础上,元代研究牡丹仍后继有人并且花样增多,如王渊绘制有《牡丹图卷》,元费著《蜀锦谱》载北宋四川转运司锦院生产过一种"青绿如意牡丹锦",用于同少数民族的人们交换战马。正是由于牡丹被冠以富贵的象征所以倍受百姓喜爱。

(一) 元代织物中牡丹纹形态

　　元代纺织品中的牡丹纹不仅可作为装饰主题,同时常以缠枝花或折枝花形式组成底纹连贯龙、凤、鹿等祥禽瑞兽。牡丹花头既有图案化的处理,又具有写实的翻转细节,视觉角度有俯视、半侧视、正侧视等多角度变化(表3-13)。

表3-13　元代纺织品中的牡丹纹形态

俯视		元缠枝牡丹缎(江苏无锡钱裕墓出土,无锡市博物馆藏)
半侧面	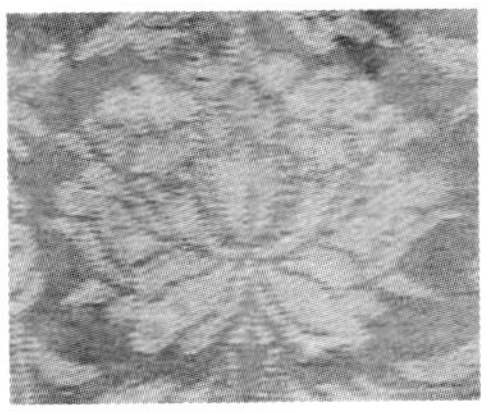	元缠枝牡丹纹
		元驼色地鸾凤穿枝牡丹莲纹锦被被面主体(河北隆化鸽子洞出土)

半侧面	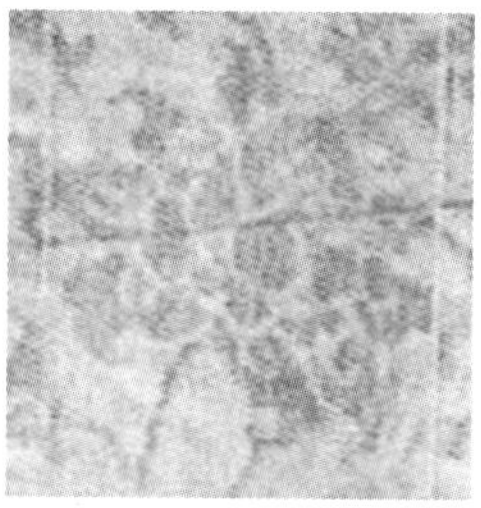	元风穿牡丹纹织物(甘肃漳县出土)
		元驼色地鸾凤穿枝牡丹莲纹锦被被面主体(河北隆化鸽子洞出土)
正侧面		元缂丝缠枝牡丹纹

1. 花头俯视造型

元代纺织品中牡丹花选用俯视角度造型并不多见。俯视造型牡丹花花头为重瓣形象,花瓣自然翻转,主要出现在缠枝牡丹形象中。

2. 花头半侧面造型

元代纺织品中半侧面牡丹花有花头左右完全对称,也有花瓣自然生长的形象,半侧面花头形象使用较频繁,在缠枝牡丹及折枝牡丹中均有出现,是最能展现牡丹花头形象特征的造型。

3. 花头正侧面造型

元代纺织品中牡丹花正侧面造型主要出现在缠枝花中,起到丰富花头形象作用。半侧面与正侧面形象区别主要在花芯形象,如花芯是正侧面角度,整个花头呈正侧面角度,即花芯只看到最外层花瓣看不见花蕊。如花芯为半侧面,即花芯中有花蕊形象,中心花瓣围绕花蕊一圈,整个牡丹花头为半侧面造型。

(二)元代纺织品中牡丹纹构图形式

1. 缠枝花满地构图

缠枝满地构图是元代最为常见的构图形式,这或许是宋代折枝花流行后发展的必然结果,此外元代流行伊斯兰细密装饰风格也有一定影响。唐代受波斯文化影响的流行卷草纹、波状骨架发展成缠枝牡丹也具有满地的装饰特征,但与元代缠枝满地不同,唐代卷草翻转形成立体的气势磅礴的动感,元代缠枝牡丹在枝条的穿插中透露出宁静的平面效果(图3-87)。元代缠枝牡丹根据纹样疏密程度,分为紧密和舒朗两种风格。织金锦中的牡丹纹布局紧密,露地色较少,织锦、刺绣表现的牡丹纹保留南宋时期疏朗的构图形式,露地色较多。

图 3-87　元缠枝花卉锦(伦敦私人收藏)

2. 折枝花构图

宋代流行折枝花,至元代由于缠枝牡丹的流行,使得采用折枝牡丹装饰形象急剧减少,发展为有些纺织品装饰的牡丹纹视觉上是缠枝效果,仔细辨认实为折枝牡丹紧密排列形成缠枝效果。相比缠枝满地效果较宋代折枝疏朗雅致风格更符合元代人们喜爱富丽奢华的审美意趣(图 3-88)。

图 3-88　元棕色罗花鸟绣夹衫中折枝牡丹花(内蒙古博物馆藏)

3. 叶中套花构图

元代纺织品中牡丹花叶中套花的构图非常少见(图 3-89),但其独具特色,反映了劳动人民的智慧。敦煌莫高窟唐代壁画装饰中已出现花中套叶、叶中套花的装饰构图,视觉层次丰富。

(三)元代纺织品中牡丹纹造型

1. 单独牡丹纹

牡丹花头造型:通过变换花芯的角度来塑造半侧面、正侧面、俯视三种角度造型,并且以正侧面更常见,牡丹花花瓣有向内曲瓣和向外翻卷两种造型。向外翻卷的牡丹花花瓣造型可以看到源自晚唐时期海石榴花卷瓣花叶的造型影响,表明花卉表现已开始由装饰性向写实性的发展。牡丹叶为掌状,在叶尖端也会表现有翻转的效果。

图 3-89　元缂丝缠枝牡丹

牡丹花茎造型:细柔舒展,茎弯曲的弧度大,以一仰一俯构成波状S形骨骼藤蔓连接花头,波状枝干上点缀写实叶片填充空隙,织物中牡丹纹主要构图形式为缠枝花,也有少数以折枝花形式出现。花茎主干并不明显,仅起穿插连接作用,主要还是凸显花头之美。

牡丹花叶造型:曲边如掌状叶,多为三出掌叶,叶尖弯转如勾,叶片虽有正侧翻转变化,但形象多样而统一,仅因填补空隙的布局需要而造型,起到与花头呼应、衬托的功能。

2. 牡丹与其他花卉组合

元代纺织品中缠枝牡丹纹也常间插其他花卉,如荷花、菊花等以表现吉祥寓意,荷花与牡丹组合寓意"富贵连年"。在《老乞大》《朴通事》中也常说起有"四季花"丝绸,元时将多种花卉组织在一起的织物纹样还有"一年景",是宋代流行的花卉题材。陆游《老学庵笔记》卷二载:"靖康初,京师织帛及妇人首饰衣服皆备四时。如节物则春幡、灯球、竞渡、艾虎、云月之,花则桃、杏、荷花、菊花、梅花,皆并为一景,谓之一年景等。"[1]

3. 牡丹与动物组合

如实物所见,元代纺织品中缠枝牡丹纹常与凤凰组合为凤穿牡丹纹,"凤穿牡丹"寓意幸福吉祥,此外牡丹还与鹿组合成"官禄富贵",与佛教中摩羯鱼组合表现吉祥寓意。可以看出牡丹花自身隐喻富贵之意,与其他动植物形象组合将吉祥的含义衍生,动植物形象也多来自于佛教,反映出了元代纺织品纹样中佛教及藏传佛教对其的影响。

(四) 元代纺织品中牡丹纹主要特征

牡丹花在元代纺织品中是最为常见的植物纹样之一。经过唐宋时期发展,元代纺织品中牡丹纹已形成具有时代特征的装饰纹样。

① 元代纺织品中缠枝牡丹纹是非常重要的装饰纹样之一,既可独自展现其辗转绵延的姿态,又可作为底纹联贯多种祥禽瑞兽表现吉祥寓意,并以"凤穿牡丹"的组合最为常见。

② 花头以俯视、正侧面、半侧面三个视角为主,造型较程式化。花叶自然翻转形象多样而统一,主要用于填补底纹空隙。花茎柔美弯曲,主干隐没于花叶间。织金锦中的牡丹纹布局紧密,露地色较少,织锦、刺绣表现的牡丹纹保留南宋时期疏朗的构图形式,露地色较多。

③ 元代缠枝牡丹纹的流行,一方面,源于中原文化的基础,如唐宋写实花鸟画的发展,以及宋代花卉纹样发展,如"一年景"纹样题材流行的影响;另一方面,也不能忽视受元代具有的满、繁、密风格的伊斯兰装饰艺术风格的影响,是多元文化背景下形成的流行装饰题材。

二、莲花纹

莲花为佛教重要装饰题材盛行于魏晋时期,并开启了植物纹样装饰地位的新纪元。然而在汉代的墓葬画像石、画像砖中已有明确的莲荷形象,说明莲荷在魏晋之前已被百姓所熟知。自魏晋时期开始盛行莲花纹装饰,其清雅脱俗的姿态象征佛教净土。《北宋雍和宫法物说明册》载"莲花,佛说出五浊世,无所染着物",随着佛教的推广莲花成为装饰纹样中的重要植物题材之一。魏晋时期的莲花纹莲瓣修长秀美,体现了当时追求飘逸清秀的审美之风。敦煌莫高窟壁画由魏晋至唐代,覆斗形窟顶藻井中心都描绘正面莲花花头,四周菩萨的脚底、菩萨身后的头光、背光、菩萨身上的服饰,以及填补空白或连接画面的边饰上都可见大量的莲花纹形象,莲花根据装饰部位需要有不同视角形象,如平面花头、侧面莲座、侧面折枝花或缠枝花的造型,展现了莲花纹的不同装饰形态。自中、晚唐时期始,特别是宋元时期莲花被赋予了更多的吉祥寓意而被百姓喜爱,如宋理学创始人周敦颐《爱

---

[1] 赵丰. 中国丝绸艺术史[M]北京:文物出版社,2005:172.

莲说》中写道："予独爱莲之出淤泥面不染,濯清涟而不妖,中通外直,不蔓不枝,香远益清,亭亭净植,可远观而不可亵玩焉!"。"莲,花之君子者也。……莲之爱,同予者何人?"诗人充分挖掘升华莲花的优点,莲花成为圣洁的形象代言者。之后莲花的寓意更加多元且更贴近民俗生活,围绕家庭美满的主题发展,如表现夫妻恩爱的并蒂莲、夫妻同心的莲藕、多子多孙的莲蓬以及表现连生贵子的婴戏莲等,莲花的装饰形象也愈发丰富多样,反映了人们审美趣味的转变,纹样由佛教题材逐渐走向市井文化。

(一)元代纺织品中莲花纹形态

元代纺织品中的莲花纹因受宋写实花鸟画的影响面形象生动自然,以写实手法为多,装饰图案化构图形式较少。花头角度有正侧面、半侧面两种造型(表3-4)。

表3-14 元代纺织品中的莲花花头形态

正侧面		元驼色地鸾凤串枝牡丹莲纹锦被面(河北隆化鸽子洞出土)
		元刺绣莲塘双鸭局部(内蒙古黑城遗址出土,内蒙古博物馆藏)
		元棕色罗花鸟绣夹衫局部(元代集宁路古城遗址出土,内蒙古博物馆藏)
半侧面		元白绫地彩绣花蝶镜衣(河北隆化鸽子洞出土)

续表

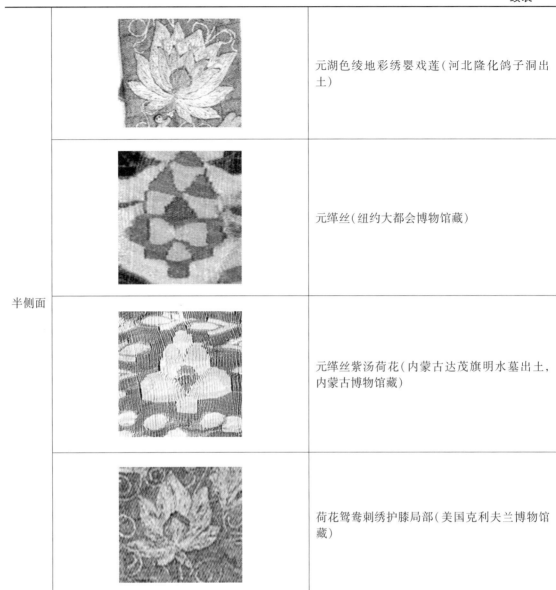

	元湖色绫地彩绣婴戏莲(河北隆化鸽子洞出土)
半侧面	元缂丝(纽约大都会博物馆藏)
	元缂丝紫汤荷花(内蒙古达茂旗明水墓出土,内蒙古博物馆藏)
	荷花鸳鸯刺绣护膝局部(美国克利夫兰博物馆藏)

1. 花头正侧面造型

正侧面造型为元代纺织品中莲花花头主要表现形态之一,以侧面剪影的概括表现手法突出莲花出污泥而不染的婀娜之态。此种花头造型在宋代纺织品装饰中已有出现。

2. 花头半侧面造型

半侧面即2/3的侧面造型,此造型常强调莲花芯的莲蓬或花芯的童子等。花头正侧面与半侧面主要区别在于花芯形象,花芯的花瓣或莲蓬造型为正侧面,整个莲花花头形象为正侧面造型,如果花芯的花瓣或莲蓬造型为半侧面造型,整个莲花花头形象为半侧面造型。

莲花的形态塑造在宋代已非常成熟,莲花色彩雅致、形态优美、寓意深刻,非常受宋人喜爱。元代纺织品中展现的莲花造型基本沿袭宋人的形象,但也有学者认为元青花装饰中莲花花瓣受西亚交流的影响具有新的变化,如具有方肩尖拱、莲瓣不相连、内有填充装饰等特点,但这些莲花花瓣造型特征并未在元纺织品装饰中出现。

表 3-15　元代纺织品中的莲叶形态

莲叶	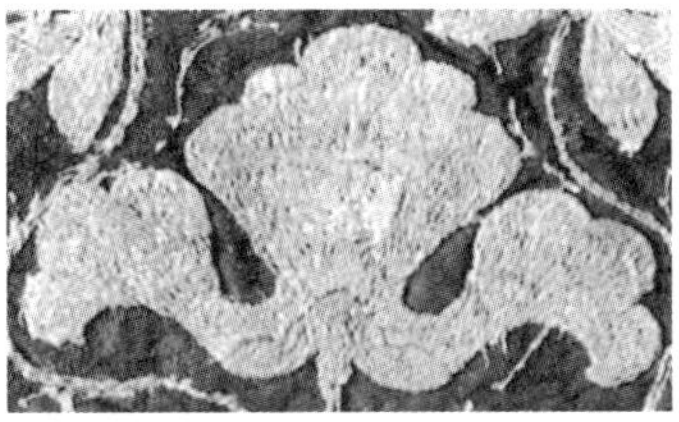	元刺绣莲塘双鸭局部(内蒙古黑城遗址出土,内蒙古博物馆藏)
		元棕色罗花鸟绣夹衫局部(元代集宁路古城遗址出土,内蒙古博物馆藏)
		元棕色罗花鸟绣夹衫局部(元代集宁路古城遗址出土,内蒙古博物馆藏)
		元棕色罗花鸟绣夹衫局部(元代集宁路古城遗址出土,内蒙古博物馆藏)
		元棕色罗花鸟绣夹衫局部(内蒙古集宁古城路遗址出土,内蒙古博物馆藏)
		元棕色罗花鸟绣夹衫局部(元代集宁路古城遗址出土,内蒙古博物馆藏)
掌状叶	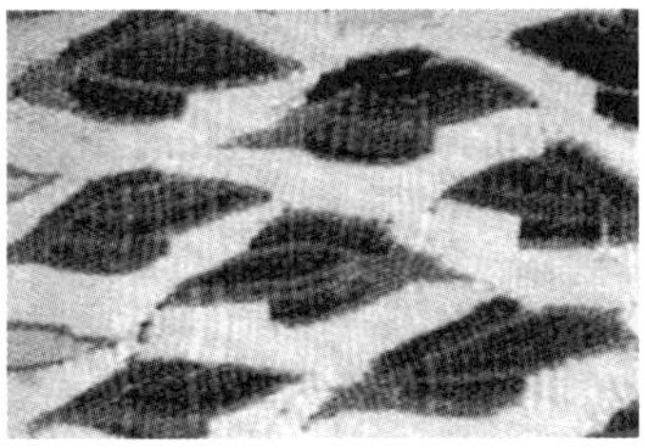	元缂丝(美国大都会博物馆藏)

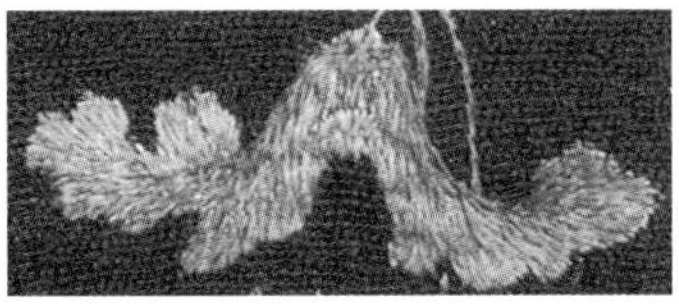

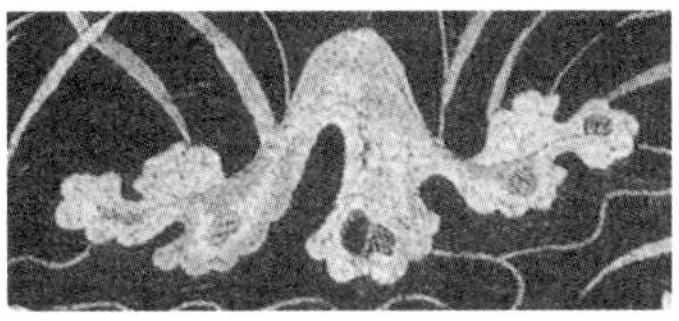

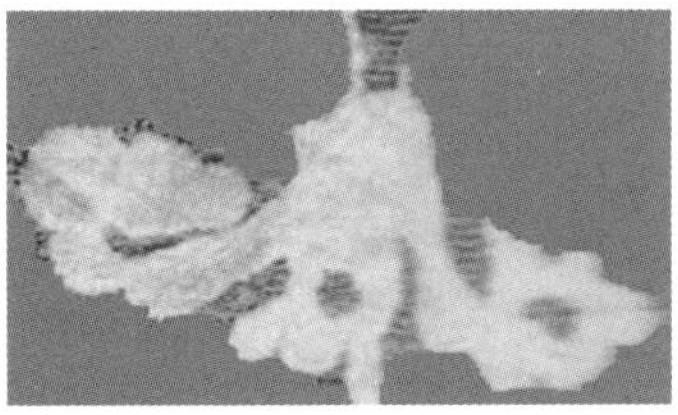

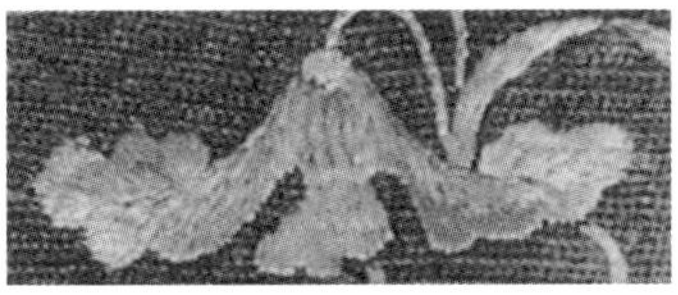

　　元代纺织品莲花纹中出现两种叶形:一种为莲叶,一种为掌状叶(表3-15)。

　　① 莲叶。莲花纹中的莲叶多侧面形象,角度主要为枯萎的俯视,叶边缘自然翻卷,有些还会详细刻画莲叶上破损的局部。元代纺织品中的莲叶造型形象自然生动,非常接近实物,应是参考了绘画中的莲叶形象。

②掌状叶。莲花纹中出现的少量掌状叶应是源于牡丹花及菊花的花叶。

表3-16　元代纺织品中的莲蓬形态

	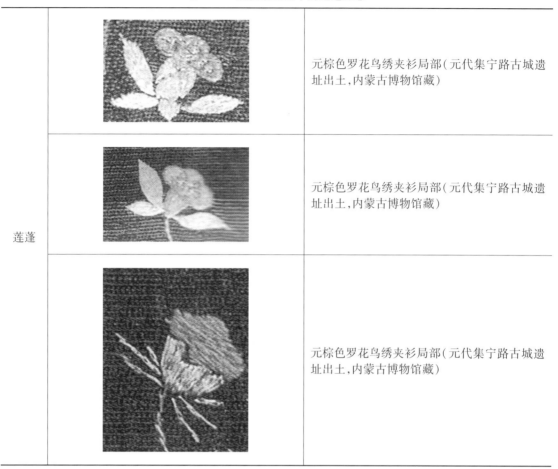	元棕色罗花鸟绣夹衫局部(元代集宁路古城遗址出土,内蒙古博物馆藏)
莲蓬		元棕色罗花鸟绣夹衫局部(元代集宁路古城遗址出土,内蒙古博物馆藏)
		元棕色罗花鸟绣夹衫局部(元代集宁路古城遗址出土,内蒙古博物馆藏)

③莲蓬。元代纺织品中莲蓬也是非常生动的半侧面写实形象,有莲蓬四周盛开莲花花瓣形象,也有莲瓣半凋零形象及莲瓣完全凋落形象,完全记载了莲蓬生长的不同阶段(表3-16)。

(二)元代纺织品中莲花纹构图形式

　　1. 折枝花构图

　　折枝莲花是宋代最具时代特色的装饰纹样,元代纺织品中折枝莲花纹仍然被广泛应用。如在河北隆化鸽子洞出土的元棕色罗花鸟绣夹衫上刺绣的折枝莲花(图3-90)姿态优雅,莲花、莲叶用绶带捆扎显示出吉祥寓意,近似宋代流行的"一把莲"纹。

　　2. 团窠与滴珠窠构图

　　团窠为元代纺织品常用的装饰构图形式之一,莲花团窠构图也有出现。

　　如图3-91,元褐地绿瓣窠两色锦圆形窠内装饰中心俯视莲花头纹,周围八朵正侧面莲花形象,窠外装饰满地缠枝莲纹,窠内窠外纹样动、静结合。

图3-90　元棕色罗花鸟绣夹衫(内蒙古博物馆藏)

图 3-91　元褐地绿瓣窠两色锦（河北隆化鸽子洞出土）

　　滴珠窠内莲花以左右对称的形式组织构图,莲花保留宋代写实自然的动态造型特征,莲花、莲叶自然翻转布局错落有致,但纹样整体适合于滴珠窠内,纹样布局强调图案化装饰特征(图3-92、图3-93)。

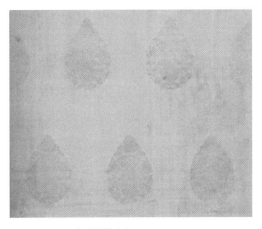

图 3-92　元莲花纹妆金绢

图 3-93　元莲花纹妆金绢局部

　　3. 散点满地构图
　　散点满地排列的莲叶、莲花表现池塘碧叶连天的景象,散点构图主要在缂丝技法中出现,莲叶造型为近似牡丹花叶的掌状造型(图3-94)。

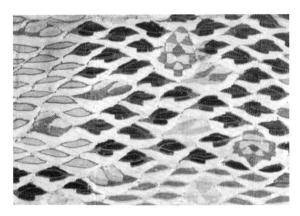

图 3-94　元莲花纹缂丝（美国大都会博物馆藏）

4. 条形边饰

元代莲花纹具有多重吉祥寓意,莲池鸳鸯寓意夫妻恩爱、幸福美满,莲花童子表示"连生贵子"。如河北隆化鸽子洞出土的湖色绫地彩绣婴戏莲纹样(图3-95),便是利用 S 形骨骼将莲花组成条形边饰,童子托举莲花花头,莲叶变化为掌状的牡丹花叶,这种组合形式是沿袭宋代流行的"一年景"的纹样,将多种花卉组合使用,同时莲花的齿边轮廓与掌状叶的齿边轮廓便于统一,在元青花中掌状叶配莲花造型也极为常见,成为番枝莲。

图3-95 河北隆化鸽子洞出土元湖色绫地彩绣婴戏莲

(三)元代纺织品中莲花纹组合造型

1. 单独莲花纹

莲花由于被赋予美好的寓意而被人们所喜爱,在元代纺织品中有单独以莲花为装饰题材的,纹样以窠形、缠枝花等构图形式组织,但单独莲花纹纺织品目前发现的并不多。

① 莲花花头造型。莲花花头造型有花头盛开的造型,也有含苞待放的花骨朵造型。盛开的莲花花头形象犹如在花芯中间破开,看到中心的莲蓬以及莲蓬四周展开的莲瓣。

莲花花叶造型有两种造型:一种为自然翻转的翩翩荷叶,这种荷叶造型主要出现在表现池塘小景的题材中;一种为像牡丹或菊花叶的掌状花叶造型,这种造型的花叶主要出现在缠枝花或满地构图形式中。

② 花芯造型。莲花花芯主要为半侧面莲蓬形象,也有单片莲瓣形象。

③ 莲花花茎造型。莲花花茎是连接花头、花叶的主线,据装饰面积需要而穿插缠绕,茎干多断断续续隐藏在花叶间。

2. 莲花与其他花卉组合

莲花由于被赋予多种吉祥美好的含义,宋代已流行莲花组合的装饰题材,如:"一年景",莲花代表夏季与其他四季花卉组织在一个画面上,在一些以吉祥鸟兽为装饰主题的纹样中,也会穿插莲花与其他多种花卉组织在一起的辅纹填补在空隙处。元代这一组合形象继续出现于纺织品装饰纹样中。

3. 莲花与其他动物组合

与莲花组合最常见的动物是鸳鸯、鹭鸶等水鸟,组成池塘小景是元代流行装饰纹样。莲花与鹭鸶、芦草组合寓意"一路连科";莲花鸳鸯组合是表现夫妻恩爱、幸福美满的固定形式而被百姓所喜爱。

4. 莲花与人物组合

"莲"与"连"谐音,童子在莲花上游戏寓意"连生贵子",或童子手拿莲花表示"一团和气"。嬉戏于莲花花芯或枝干间体型丰腴的童子,生动表现人们企望多子多孙、家丁兴旺的美好心愿,折射出审美趣味转为生活化、世俗化的变化。

宋代就已显现人们在工艺美术品中对儿童题材的喜爱,如故宫博物院藏著名的北宋定窑孩儿枕。童子形象在佛教中被称为"化生",佛教认为世界众生的出生可分为"四生",即胎生、卵生、湿生、化生。化生是指本无而忽生之意。无所托而忽有,借业力而忽然现出者。中国古代有"七夕弄化生"的风俗。化生之语出自《金刚经》:"所有一切众生之类,若卵生、若胎生、若湿生、若化生,若有色、若无色、若有想、若无想、若非有想非无想,我皆令入无余涅槃而灭度之。"

（四）元代纺织品中莲花纹主要特征

受宋代写实绘画风格的影响,元代纺织品中莲花纹形态自然多样,有折枝花、缠枝花及条形边饰,与鸳鸯、童子或其他花卉组合代表固定的吉祥寓意,都是源于中原文化的影响。

① 莲花为佛教"净土"的象征,被赋予出污泥而不染的高尚品质,成为元代纺织品中的植物纹样重要题材之一,形象以写实表现手法表现半侧面花头、正侧面花头,花叶有莲叶及掌状牡丹花叶两种造型。

② 莲花组织折枝花、缠枝花、团窠、滴珠窠等构图形式。

③ 莲花由于与"连"谐音,与其他动植物、人物组合成为表现不同吉祥寓意的元素。

三、梅花纹

元代纺织品纹样中梅花纹也是深受百姓喜爱的题材之一。受元代文人画发展的影响,梅花被赋予不同品格,但文人画及元青花中常见的"松竹梅"的组合造型还没有在纺织品装饰中出现,直到明代纺织品中松竹梅的装饰题材才被大量使用,织物定名为三右锦。据《老乞大》记载元代段子花样有"草绿蜂赶梅"的式样,[1] 虽然此纹样在纺织品中少见,但在元代金银首饰中是常用题材,应是表现夫妻幸福恩爱的主题。

（一）元代纺织品中梅花纹形象

目前发现的元代纺织品中的梅花纹主要为三种形象,表现吉祥主题的方补、折枝花、底纹装饰纹样。

表 3-17　元代纺织品中梅花花头形象

正面花头		元蓝地龟背朵花绸对襟袄
半侧面花头		元梅鹊补服

梅花花头造型:简洁具有装饰性。目前发现的元代纺织品中有两种表现形式:一种为概括花头轮廓图案化表现,形象简洁清晰,常作为底纹使用;另一种为写实性表现梅花花头的转折视觉角度的半侧面花头(表 3-17)。

（二）元代纺织品中梅花纹造型

1. 底纹

梅花花头简洁,最为常见的构图形式是作为底纹装饰,在骨骼中心空白处装饰五瓣或六瓣梅花纹(图 3-96)。

---

[1] 老乞大. 近代汉语语法资料汇编·元代明代卷:281-282.

图3-96 元球路纹朵花绢(中国丝绸博物馆藏)

2. 方补

梅花与喜鹊组合表达"喜上眉梢"的吉祥纹样,装饰在袍服胸口作为胸背纹样(图3-97)。纹样以手绘表现手法,完全借助花鸟画的构图形式表现,应是以成熟的刺绣粉本为参考。梅枝上两只喜鹊似在一上一下的高声鸣叫,喜鹊动态生动,刻画透视角度准确,表明元代花鸟画中的梅花喜鹊装饰题材经过一定时期的流行,已成为人们熟悉的装饰题材。

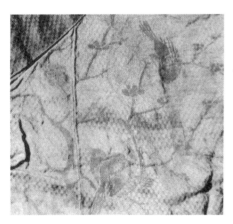

图3-97 元梅鹊胸背纹绫袍(山东邹县李裕庵墓出土)

3. 折枝花

折枝花构图形式同样运用于梅花纹样,梅花花头造型图案化,枝叶造型较为写实,注意表现叶片翻转。折枝梅花多刺绣工艺,并与其他吉祥元素组合表现吉祥寓意,或者将梅花装饰于葫芦型外轮廓,借用葫芦与"福""禄"的谐音,表现对美好生活的向往(图3-98)。

(三)元代纺织品中梅花纹的主要特征

梅花在元代纺织品纹样中出现概率不及牡丹花及莲花,常与几何骨架组合作为底纹使用,或者与喜鹊、球路纹或铜钱纹等元素组合表现幸福美满的主题。

① 梅花花头有正面或半侧面构图形式。

② 折枝梅花多刺绣工艺,以写实花鸟画手法展现,折枝梅花刺绣纹样粉本与当时花鸟画的联系,或直接来源于当时的花鸟画。

图3-98 元明黄绫彩绣折枝梅葫芦形针扎(河北隆化鸽子洞出土)

③ 梅花与不同元素组合表现吉祥美好寓意。

四、菊花纹

　　菊花纹在元代纺织品中出现频率不高,有缠枝和折枝构图形式,但菊花纹在元代其他工艺品中是流行题材。金秋赏月是元代民间盛行的娱乐活动,此场景在绘画、金银器、陶瓷装饰题材中都有展现,菊花作为点明秋季时令的重要元素也必然出现于装饰图案中,受当时社会赏菊风风气的影响,菊花纹是人们所喜爱的装饰题材之一。元人熊梦祥于《析津志》记载:"蒙元皇帝每年夏天都要离开大都去上都避暑,至八月底或九月初返回大都。其时宫中举办菊花节,从皇帝到宫中诸太宰皆有簪紫菊金莲于帽的习俗。"[1]表明元代菊花由于得皇帝喜爱而变得贵气,已无陶渊明赏菊的悠然自得、隐逸之气。元代由于文人画的发展,菊花在绘画、青花瓷中成为文人用以表达自身高洁品格的重要题材,受花鸟画影响,造型强调花叶的自然反转写实效果,内容多表现对幸福美满生活的追求。但纺织品中菊花纹相比其他工艺品出现形象较少,并且与元文人画中菊花纹寓意不同,脱去唐代"采菊东篱下"悠然自得的文人气息,元纺织品中所出现的菊花纹是展现美满生活,平添更多的市井繁华。

　　元代菊花作为朝野上下所喜爱的装饰纹样有深厚的人文基础,但是现有元代织物实物中菊花纹样数量远不及元青花瓷中所常见,这或许由于菊花作为四君子之一,是文人绘画中的常用题材,元青花绘制手法与元代绘画关系紧密,因而在元青花瓷中常常见到菊花题材。元代金银器中也有菊花纹与其他花卉、蝴蝶、蜜蜂形象组合出现,但在元代其他工艺品中流行的菊花纹在元代纺织品中并不多见。

(一) 元代纺织品中菊花纹形象

　　元代纺织品中出现的菊花纹以折枝花紧密排列构成缠枝花的视觉效果,其自身与仙鹤组合有长寿的吉祥寓意(图3-99、图3-100)。织物中的菊花受绘画的影响,造型强调花叶的自然反转写实效果。

图3-99　元缠枝菊花飞鹤花绫(内蒙古达茂旗明水墓出土,内蒙古考古研究所藏)

图3-100　元缠枝菊花飞鹤花绫复原图

---

[1]　[元]熊梦祥.北京图书馆善本组辑.析津志辑佚[M].北京:北京古籍出版社,1983:232.

图3-101　元代集宁路古城遗址出土元棕色罗花鸟绣夹衫（内蒙古博物馆藏）

（二）元代纺织品中菊花纹主要特征

　　元代民间盛行中秋赏月饮菊花酒的习俗，菊花成为秋天点题应景的装饰题材，具有思念亲友的寓意，并且菊花与不同形象组合表达不同吉祥寓意，如菊花与仙鹤组合具有长寿之意，与蝴蝶、蜜蜂组合用以表达夫妻恩爱。元代由于文人画的发展菊花在绘画、青花瓷中是文人用以表达自身高洁品格的重要题材，在元代菊花纹虽然是受人喜爱的装饰题材，但在纺织品中的菊花纹造型并不多见。

　　① 菊花形象以折枝、缠枝造型为主。

　　② 菊花纹与仙鹤组合出现，具有长寿的吉祥寓意。

　　元代织物中创作菊花是为了展现美满生活，花蝶翩翩平添更多的市井繁华，表现形象有单瓣菊、重瓣菊，组织成折枝花、缠枝花形象。

五、水草纹

　　元代纺织品中表现池塘小景纹样中伴随出现的水草形象，有慈姑和芦苇穿插于莲花、莲叶间丰富画面。慈姑形象在辽金时代非常流行，特别是金银首饰中有单独以慈姑为装饰题材的耳环。慈姑也是"满池娇"中常出现的植物，又名水萍，《本草纲目》果部卷三三中记载"慈姑，一根岁生十二子，如慈姑之乳诸子，故以名之，作茨菰者非矣"。因此用此形象也含有一层多子的吉祥寓意。

（一）元代纺织品中水草形象

表3-18　元代纺织品中的水草形象

慈姑		内蒙古黑城遗址出土元刺绣莲塘双鸭局部（内蒙古博物馆藏）

慈姑		元棕色罗花鸟绣夹衫局部（元代集宁路古城遗址出土，内蒙古博物馆藏）
芦苇		元棕色罗花鸟绣夹衫局部（元代集宁路古城遗址出土，内蒙古博物馆藏）
		棕色罗花鸟绣夹衫局部（元代集宁路古城遗址出土，内蒙古博物馆藏）
		元棕色罗花鸟绣夹衫局部（元代集宁路古城遗址出土，内蒙古博物馆藏）

　　比较元代纺织品中的水草纹样，主要是以慈姑和芦苇为主穿插于莲花、荷叶间活跃纹样动态（表3-18）：

　　① 慈姑。形象为三瓣叶构成棱形，纹样中有成对组合，或单个填补莲池空隙，形象有正面角度也有半侧面视角。

　　② 芦苇。莲花池中穿插姿态舒展的芦苇，芦苇形象有长条叶片，也有长出芦苇穗以及结有一段段的水葫芦的形象，造型写实生动。画面中水葫芦有成对出现于并蒂莲间，应为表现幸福美好的吉祥寓意。

（二）元代纺织品中水草形象特征

元代纺织品莲荷池塘小景画面中常装饰慈姑、芦苇等水草来丰富画面，填补画面空隙，水草形象写实生动。此外慈姑具有多子寓意，借成对水葫芦表示夫妻恩爱，所以元代纺织品中的水草形象与池塘莲花一样具有追求多子多孙、家庭美满的幸福生活的寓意，体现了元代百姓对幸福生活的理解。

第四节　辅　助　纹　样

元代纺织品中运用的辅助纹样中也出现了一些具有时代特征的纹样，这些辅纹常装饰于底纹或填补主纹空隙，与主体纹饰既融为一体，又具有承上启下的作用，辅纹形成的影响因素也多样化，值得深入讨论研究。

一、杂宝纹

元代纺织品中常作为装饰辅纹出现的杂宝图案，主要宝物有银锭、火焰珠、珊瑚、犀角、象牙、双钱、竹罄、法轮、摩揭杆、绣球、幢等，由于宝物运用没有固定组合，所以被泛称为杂宝。这些宝物形象后来逐渐发展成为佛教中的七珍、八宝、八吉祥，明清时期混入了道教的暗八仙图形，融入了更多的宗教元素。为分析元代纺织品中的杂宝纹样与佛教中的"七宝"、藏传佛教的"八吉祥"、道教"暗八仙"以及民间吉祥纹样"八宝"之间的联系及区别，首先简约概述什么是七珍、八宝、八吉祥及暗八仙，然后再详细分析元代织物上的杂宝纹样特征。

佛教中各经对七宝所说不一，佛经中常以"七"喻多，可理解"七宝"为"多宝"，代表性解释如下：

《无量寿经》卷上："其佛国土，自然七宝：金、银、琉璃、珊瑚、琥珀、砗磲［che qu 车渠］、玛瑙，合成为地，恢廓广荡，不可限极，悉相杂厕，转相间入，光赫煜烁，微妙奇丽，清净庄严。"这是说，无量寿佛（即阿弥陀佛）的佛国（即极乐世界）土地，全由七宝拼合而成。

《阿弥陀经》："极乐国土，有七宝池：八功德水充满其中，池底纯以金沙布地，四边阶道：金、银、琉璃、玻璃合成。上有楼阁，亦以金、银、琉璃、玻璃、砗磲、赤珠、玛瑙而严饰之。"讲的是七宝楼阁的用料。

《妙法莲华经·见宝塔品》："尔时佛前有七宝塔……无数幢幡以为严饰……其诸幡盖以金、银、琉璃、砗磲、玛瑙、真珠、玫瑰七宝合成，高至四天王宫。"单讲幡盖的用料。

《大智度论》卷十则总说诸宝："宝有四种：金、银、毗琉璃、颇梨。更有七种宝：金、银、毗琉璃、颇梨、车渠、玛瑙、赤真珠（此珠极贵，非珊瑚也）。更复有宝：摩罗伽陀（此珠，金翅鸟口边出。绿色，能辟一切毒也），因陀尼罗（天青珠），摩诃尼罗（大青珠），钵摩罗加（赤光珠），越阇（金刚），龙珠，如意珠，玉贝，珊瑚，琥珀等种种名为宝。"

藏传佛教中的八吉祥源于密宗，为八种吉祥物固定组合出现，不同的形象代表不同的寓意。

① 法轮：象征佛陀圆融教化，广度众生，常转法轮。

② 法螺：能吹出"妙音吉祥"。

③ 宝伞：能"张弛自如覆盖众生"。

④ 白盖：能"覆三千界"。

⑤ 莲花:取"出五浊世而无所染着"。

⑥ 宝瓶:取"圆满无漏"。

⑦ 双鱼:取"活泼解脱"之意。

⑧ 盘长:取"佛说回环贯彻一切通明"之义。

明清时期流行的"暗八仙"源自道教,为八仙手持之物:

① 蒲扇:汉钟离(富)

② 宝剑:吕洞宾(男)

③ 鱼鼓:张果老(老)

④ 竹笛:韩湘子(少)

⑤ 葫芦:铁拐李(贱)

⑥ 荷花:何仙姑(女)

⑦ 花篮:蓝采和(贫)

⑧ 玉板:曹国舅(贵)

概述七珍、八吉祥、暗八仙纹样形象及寓意,以便更好理解及分析元代纺织品中的杂宝形象。

目前发现最早的杂宝图案出现于北宋时期壁画,在王世襄撰写的《锦灰堆》书中收录《浅谈鸡翅木台座式榻》一文,其中分析在北宋的白沙壁画墓(元符二年(1099年)的西壁男墓主像脚边画有表示银锭的杂宝图形。金熙宗皇统九年至世宗大定十三年(1149—1173年)刻成的赵城金藏,卷首释迦说法图,佛座周围有杂宝:银锭、火焰珠、珊瑚、及犀角。此外南宋(约1210年)杭州刊刻的《佛国禅师文殊指南图赞》,绘瑞气从葫芦瓶喷涌而出中现杂宝,有犀角、象牙、火焰珠、银锭等,并有经文"气涌无量宝"明确指出这些物件是"宝"。

杂宝中的卍字纹、方胜纹样早在汉代已在丝织物上出现,至北宋时期纺织品中杂宝多祥云和灵芝,少有器物,南宋杂宝纹样始加入法轮、珊瑚、方胜、卍字纹、犀角、金锭、铜钱、竹罄等,这时的杂宝虽还没有固定组合形式,但佛教中八宝的称呼已在织物纹样中运用,如《老乞大》里记载买锦缎的人询问是否有黑绿天花嵌八宝等。[1]

杂宝纹是元代装饰纹样中非常具有时代特征的纹样之一,许多专家论及元代装饰纹样都会谈到杂宝纹,其中分析较为详细的有吴明娣撰写《汉藏工艺美术交流史》,书中对元代杂宝与佛教中的七宝、八吉祥纹样进行详细分析,她认为元代杂宝流行主要源于藏传佛教的影响,纹样分析也主要以藏传佛教的教义为支撑。刘新园撰写的《元青花花纹与其相关技艺的研究》文中也提及了杂宝纹,并认为元代后期青花瓷上大量出现的杂宝定名不够准确,应定为佛教法器纹。两学者都一致肯定元代杂宝纹的流行与统治者的佛教信仰有关,如元代"累朝皇帝先受佛戒九次方正大宝",[2]任用信仰藏传佛教的工匠主持大型设计工作,如由西藏入元地尼泊尔工匠阿尼哥参与宫廷工艺美术的设计与制作,"为七宝镔铁法轮,车驾行幸,用以前导。原庙列圣御容,织锦为之,图画弗及也。"[3]

总之,宋已开始出现的杂宝纹,在元朝因统治者对藏传佛教的信仰与推广、宗教信仰自由的政策,以及民间不同民族文化的交融,促进杂宝纹的进一步发展与流行。

(一)元代纺织品中杂宝形象

元代纺织品中的杂宝纹组合元素有银锭、犀角、珊瑚、方胜、卍字纹、双鱼、如意云头纹等形象,多

[1]　老乞大.近代汉语语法资料汇编·元代明代卷.

[2]　[元]陶宗仪.南村辍耕录卷之二.

[3]　[明]宋濂.元史·卷230·方技传[M].北京:中华书局,1976:4546.

为散点构图形式(表3-19)。

表3-19　元代纺织品中的杂宝

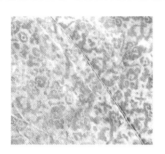

元杂宝云纹缎(苏州曹氏墓出土)

元杂宝云纹缎复原(苏州曹氏墓出土)

元浅褐色朵云杂宝纹缎(河北隆化鸽子洞出土)

元浅褐色朵云杂宝纹缎(河北隆化鸽子洞出土)

元八宝云龙纹缎(江苏无锡八钱裕墓出土)

元菱形卍字纹复原(苏州曹氏墓出土)

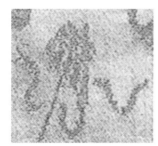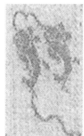

元八宝云龙纹缎(无锡钱裕墓出土)

表 3-20　元代纺织品中杂宝形象组合

名称	元杂宝云纹缎（苏州曹氏墓出土）	（苏州曹氏墓出土）	八宝云龙纹缎—(无锡钱裕墓出土）	元金铤菱格卐字纹花绢绵衣	元浅褐色朵云杂宝纹缎(河北隆化鸽子洞出土）	元菱格万字龙纹花绫
法轮	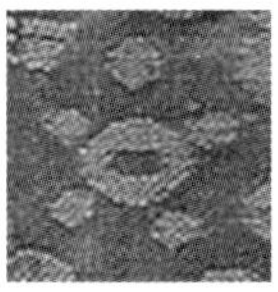					
象牙	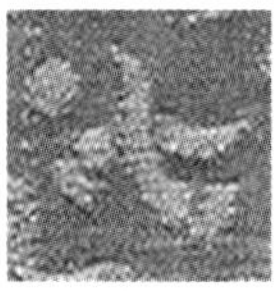					
银锭				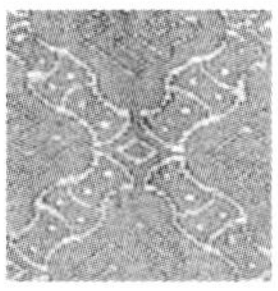		
珊瑚	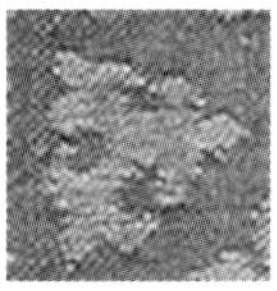				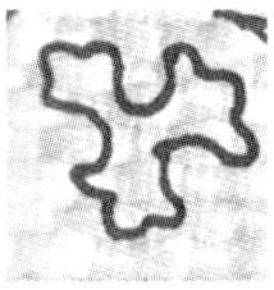	
犀角						
竹磬	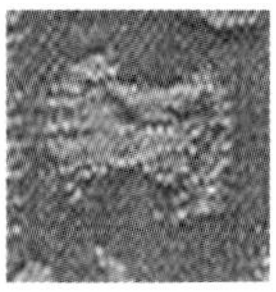					
双鱼						
宝扇						
盘长			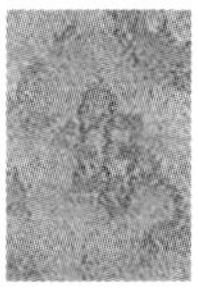			
海螺						

续表

名称	元杂宝云纹缎（苏州曹氏墓出土）	（苏州曹氏墓出土）	八宝云龙纹缎—（无锡钱裕墓出土）	元金铤菱格卍字纹花绢绵衣	元浅褐色朵云杂宝纹缎(河北隆化鸽子洞出土)	元菱格万字龙纹花绫
双铤						
宝珠						
万字						
荷花						
花篮						

① 将元织物实物中杂宝形象进行比较,织物中宝物并没有固定组合,但已开始形成八宝、八吉祥纹样组合雏形(表3-20)。

出现的主要形象有卐字纹、龙纹、双鱼、花篮、宝扇、盘长,金铤、双铤、象牙、犀角、钱铤、竹磬、火焰珠、珊瑚、铜钱、竹磬、三宝、灵芝云气纹等,虽然组合较为随意,但可以看出元代杂宝之间已逐渐形成固定配合趋势。如:苏州曹氏墓出土的菱格卐字八宝纹绫纹样和杂宝云纹绣纹样,织锦上织有盘长、宝伞、双鱼、华盖等属于佛教八吉祥,菱格卐字八宝绫上也有双鱼、莲花、海螺、火轮四种,但元代纺织品种只出现八吉祥中的四宝组合。

② 元代纺织品中杂宝纹明确显示了藏传佛教对其的影响。

藏传佛教七珍中犀角一般单个出现,而象牙则成对组合,元代织物中也常如此。元杂宝缀饰珍珠,这在藏族装饰中表现十分明显。元代杂宝较宋代丝绸上的杂宝纹宝物种类增多,在藏传佛教七珍之外增加了八宝中的灵芝、祥云、铜钱等,宝物既可作主题纹饰,又以辅助纹样与云龙结合构成复杂的装饰形象。如苏州曹氏墓出土的元杂宝纹缎袄,在曲尺形云纹间填以七珍中的珊瑚、犀角、银锭、铜钱、宝珠等;缎裙上以杂宝纹为地,间以云龙纹,可能与宋代锦纹"红七宝金龙纹"有一定的渊源。苏州曹氏墓出土的元绫袍上饰以卐、双鱼、莲花、海螺和法轮,其中双鱼、莲花、海螺、法轮后来成为八吉祥纹中的形象元素。内蒙古巴林右旗庆州白塔天宫出土的联珠鹰猎纹刺绣(辽重熙十八年,1049年),四经绞罗(地平绣尺寸经向27.7厘米,纬向27.5厘米,团窠直径15.5厘米),绣品为包裹经折的经袱,在中心骑马人物周围空隙处装饰杂宝纹,有犀角、双钱、竹磬、法轮、珊瑚等,体现了织物用途与佛教有联系,也表明在宋代织物中出现的杂宝纹在元代更加风行,其中与佛教在当时倍受统治阶级推崇有内在关系。

元代纺织品中杂宝与卐字纹组合的特征比较突出。卐字纹在佛教中为释迦牟尼"三十二相"之一。唐慧琳《一切经音义》卷二十一:"卐,室利靺瑳,此云吉祥海云。"卍字在梵文中意为"吉祥万德之所集",佛教中是释迦牟尼胸部所现"瑞相"用作"万德"吉祥的标志。卍字作为装饰纹样使用范围极广,早在新石器时代马家窑文化马厂型彩陶上已有应用,四川成都羊子山出土了"卐"字纹镜,并配以"永寿","受岁"等吉祥文字表明吉祥寓意,在中国道教中是永生的象征。西方"卍"图形最早出现于特洛伊时期,希腊人将其塑在钱币上而广为流传,在埃及也有出现。之所以"卍"早期流行范围如此之广,许多人认为或者源于早期人类社会普遍对支持万物生长的太阳崇拜有关。

元代纺织品中的杂宝在明清织物中仍有使用,明代杂宝纹多用于填补于主纹之外的空隙处。如明代杂宝缠枝牡丹织金缎,在缠枝牡丹花周围空隙处装饰有象牙、珊瑚、双胜、竹罄、犀角、银铤以及如意云头,杂宝纹样造型细节变化丰富并常缀饰珍珠。明清民间逐渐形成"八宝"吉祥图案,在珍珠、银锭、方胜、如意、犀角、珊瑚、磬、书卷、毛笔、艾叶、蕉叶、红叶、鼎、鼓板、玉钏、仙鹤、灵芝、松树等图案中杂取八种组合而成。

(二)元代纺织品中杂宝纹构成形式

（1）散点构图

元代纺织品中的杂宝纹作为底纹或填补空隙的辅纹,最常见的构图形式为散点构图形式。

（2）卐字规矩排列作底纹

纺织品常用杂宝纹中的卐字纹作为底纹,形成规矩排列的底纹中间穿插其他装饰纹样组合使用。

(三)元代纺织品中杂宝纹的主要特征

元代纺织品中杂宝纹是佛教中的七珍、八宝、八吉祥发展的初期形式,佛教特别是藏传佛教的盛行以及人们追求美好生活的诉求,促进了杂宝纹的流行。元代蒙古人宗教信仰呈多元化,对宗教信仰实行兼容并蓄的政策,早期的蒙古族主要信仰萨满教,之后成吉思汗西征途中逐渐接受了佛、道、基督教、伊斯兰教,忽必烈立国建都后藏传佛教被推崇为国教,封八思巴为国师,后改为宣政院的总制院,对当时的政治文化发展起到重要推动作用。此外,元代市井文化发展,在元代不同工艺品的装饰题材中都大量使用具有吉祥寓意的装饰纹样,如夫妻恩爱、多子多孙、升官发财,以及表现文人气节的"岁寒三友""松竹梅"等,成为明清时期流行的"图必有意,意必吉祥"吉祥图案的发展初期。杂宝纹的流行不仅反映了元代贵族对藏传佛教的推崇,也折射出当时百姓对美好生活的向往,作为具有多种吉祥寓意的宝物必定受使用者喜爱。虽然宝物纹样组合还未形成定式,但具有吉祥寓意的图案逐渐形成固定符号,反映了明清时期盛行的吉祥纹样发展初期风貌。

① 主要由卐字纹、龙纹、双鱼、花篮、宝扇、盘长、金铤、双铤、象牙、犀角、钱铤、竹罄、火焰珠、珊瑚、铜钱、竹罄、三宝、灵芝云气纹等元素组成。

② 形象元素并无固定组成关系,宝物组成也无固定组成数字,因此是佛教中的七珍、八宝、八吉祥发展的初期形式,排列多以散点构图为主,并常以卐字纹做规矩底纹,已出现八吉祥中的四宝组合形象。

③ 杂宝纹的流行是元代贵族对藏传佛教的推崇以及百姓对美好生活的向往双重因素影响的反映。

二、云气纹

元代纺织品中云气纹常作为辅纹出现,以如意云头形为主,用于分割画面或者填补画面空隙,特别是常与龙纹组合出现以表现龙在天空腾云驾雾自由行走。

云气纹早在汉代便已是织物中常见的装饰题材,如长沙马王堆 1 号墓出土的西汉时期印花敷彩纱、江苏东海尹湾 2 号墓出土缯绣衾被等都以精美舞动的云气纹为装饰主题,这时的云气纹头部已带有近似如意形的卷勾。魏晋至唐代云气纹随着佛教的发展而成为表现菩萨在天空中自由行走不可缺少的道具,如宁夏博物馆藏盐池唐墓出土的表现胡旋舞石门,在翩翩起舞的舞者四周装饰有三朵卷草云头相连的云气纹,云头起伏及两端向外的卷勾已与元代如意云头极为相似,画面通过舞者四周飘舞的云气纹表现胡旋舞的速度。至宋元时期如意形云头纹逐渐定型,应是其如意寓意受百姓喜爱的结果。在元代佛教题材的壁画中云气纹亦是连接画面或分隔故事情节的重要元素,壁画中的云气纹常以铁线描表现,如在敦煌莫高窟著名的元代3窟千手观音像及山西洪洞广胜寺下寺元代壁画中菩萨身边云雾缭绕,通过线条的疏密构成立体效果,朵朵白云仿佛从墙壁上游离而出,构图非常生动。此形云气纹在永乐宫三清殿壁画中也能看到,出现在众星神脚底烘托出立于云端的众仙。

(一)元代纺织品中云气纹形象

元代纺织品中的云气纹主要为如意云头形,通过云尾长短变化形成不同造型如图3-101、3-102。

图3-101　元黄色云纹暗花缎(河北隆化鸽子洞出土)

图3-102　元云纹花绫袍局部(梦蝶轩藏品)

图3-103　元红色灵芝连云纹

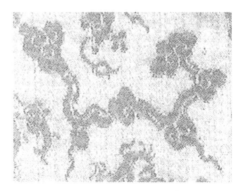

图3-104　元八宝云龙纹缎(无锡钱裕墓出土)

1. 如意云头形

元代纺织品中如意形云头纹散点排列是云气纹最常出现的形象,作为填补纹样空隙的主要辅纹之一,纹样形象既具装饰性又有灵动感,如意云头形象为中心对弧,数段弧线形成半圆构成灵芝形,所以也称为如意灵芝云头纹(图3-103)。

2. 如意云头曲尺形

以如意云头连接一段段云尾形成曲尺形,分割画面及连接其他形象元素,如无锡钱裕墓出土八宝云龙纹缎上的云气纹,曲尺云气纹错位排列形成缠枝效果(图3-104)。

图3-106　元纺织品中的如意云头纹

3. 三瓣叶云头形

云头为三瓣叶造型,云尾较短,上下错排形成散点排列,或者利用三瓣叶云头连接组合成适合形。

除了以上勾线效果的云气纹,另有一种强调装饰性平面化的云气纹同样展现在元代佛教壁画中,如西藏元代夏鲁寺壁画中的云气纹就另具特色,几乎在夏鲁寺每一铺壁画中都装饰有云气纹,该云纹造型不同于内地云纹,是以上下如意云头带状排列,如意云头内晕染留边,通过地色对比跃出墙面,云头比例明显大于前面的人物比例,并且云气纹满铺整个底面形成云朵地纹,营造翻云覆雨的磅礴气势。该云纹也不同于内地佛教壁画中通过勾线技法及线条疏密表现云气纹的立体效果,内地佛教壁画中云气纹明显扮演辅助角色的作用,尺度不会大于人的比例,多聚集于脚底或数朵漂浮于人物、动物身边。

（二）元代纺织品中云气纹主要特征

元代纺织品中的云气纹作为衬托主题纹样及填补纹样空隙的辅纹,具有明显的时代特征:

① 元代纺织品中的云头纹有两种造形,如意云头形和三瓣叶云头形,并且如意云头形最具时代特征。

② 云头纹以散点组织填补纹样空隙处,或者以飘带状的尾云连接,自由组织成装饰面或区域带。

三、人物纹

元代由于多元文化交融,反映在纺织品纹样上也出现了两种文化的人物形象,一种为中原文化的人物形象,表现为仙人或文人士大夫形象和活泼的童子形象;另一种源自西域文化人物形象。

（一）元代纺织品中的人物装饰题材

元代纺织品中源自中原文化的人物形象主要为婴戏纹和仙人,战争过后重建家园及民族、家族的兴盛都需要人,反映出人们祈求人丁兴旺的美好愿望。

1. 婴戏纹

婴戏纹样,表现为在植物藤蔓间攀爬的穿肚兜或裸体胖孩童,植物主要为莲花(图3-107)。

持荷童子婴戏纹与敦煌壁画所载佛教鹿母莲花生子的故事有关,“杂宝藏经”记载:在波罗奈国有座仙山,一只雌鹿舔食山上梵志的便溺而怀胎生下一女,女成人后嫁给梵豫国王被立为第一夫人,怀孕却生下朵千叶莲花,被大夫将莲花装在篮子里扔到河中任其漂流,恰巧被乌耆延王和所领众徒弟打捞上来,惊奇发现千叶莲花的每一片叶子上都有一小孩,待将这些小孩养育长大后都成了大力士。[1]此故事传到中国不晚于唐代,在长沙窑出土的唐代执壶中便已出现婴戏纹,宋代的服饰纹样、瓷器装饰、建筑装饰以及墓葬装饰中均有出现,特别在宋金时期陶瓷装饰纹样中更是常见,并且宋代还出现了以绘婴戏图而闻名的画家苏汉臣,婴戏纹展现了人们祈求多子多福的美好向往。

婴戏纹装饰中还出现化生类婴戏纹,敦煌莫高窟唐代经变壁画中已出现莲池中嬉戏的生化童子形象。“化生”源自释典,“七夕弄花生”的风俗在唐诗中亦有体现,薛能《吴姬》:“芙蓉殿上中无日,水拍银盘弄化生”。北宋李诫《营造法式》卷一十二“彫作制度”项:彫混作之制,有八品,一曰神仙,而曰飞仙,三曰化生;注云,“以上并手持乐器或芝草、华果、鉼盘、器物之属”。所附图绘在莲花上舞蹈的童子形象以释“化生”。在宋瓷装饰中有“莲荷化生”“莲蓬化生”“牡丹化生”等,表现为婴孩站在荷叶或莲蓬上等形象,或者婴孩与石榴、葡萄等多子的水果组合,借喻表达期望多子多孙“硕果累

---

[1]　[宋]孟元老.东京梦华录笺注(下)[M].伊永文笺注,北京:中华书局,2006:792.

累"的愿望。

图 3-107　元湖色绫地彩绣婴戏莲(河北隆化鸽子洞出土)

2. 文人题材

元代纺织品中还出现了表现"渔樵耕读"的文人士大夫装饰题材,主要为树下或船上读书的士大夫形象,反映元代文人追求田园自由生活的避世思想(图 3-108、图 3-109)。此题材的流行表明了元代文人趣味在工艺美术品创作中的展现,除了纺织品中出现此题材,在其他工艺品中亦有应用,如流传至今的元代"张成造"剔红圆盒,装饰题材为一拄杖老者,在童子陪侍下观赏飞流而下的瀑布。以及北京故宫博物院藏至正五年(1345 年)造的朱碧山款银槎,人物为倚坐在槎上的一老者,手持书卷,神情专注地在阅读。[1] "槎"是树木砍下后留下的短桩,被称为"子孙树"的桧柏寿命可长达数百年,银槎酒杯模仿桧柏的树槎。以此形作银槎不仅迎合了文人士大夫的审美意趣,同时也蕴含了希望子孙兴旺的含意。

图 3-108　元棕色罗花鸟绣夹衫局部人物装饰(内蒙古博物馆藏)

图 3-109　元棕色罗花鸟绣夹衫局部人物装饰(内蒙古博物馆藏)

3. 西域风格人物形象

在元代纺织品中还出现了少数具有西域风格的人面纹织金织物(图 3-110),人物头戴冠,冠形及面部五官具有西域造型特征。在格里芬题材的织物中也出现了人面狮身的格里芬形象,此类题材均源自西域装饰内容。

---

[1]　尚刚.有意味的支流:元代工艺美术中的文人趣味和复古风气[J].中国艺术设计论丛,2002(107):50.

图3-110 元人物纹捻金锦实物

（二）元代纺织品中人物纹样的主要特征

① 元代纺织品中的婴戏纹,为穿肚兜或裸体的胖孩童形象,借用"莲"与连谐音与莲花组合,以及多子植物,如石榴等植物花卉形象组合出现,表现多子多福的寓意。

② 元代纺织品中的文人题材,多为表现"渔樵耕读"的文人士大夫形象,反映元代贵族统治下,文人处于不受重视的尴尬地位,继而追求自由田园生活的思想状况。

③ 伊斯兰教徒织工为元代纺织品纹样中注入了伊斯兰文化因素,织物中的西域特征人物形象的出现即是这一文化背景的反映。

④ 元代纺织品中单独人物装饰题材并不多见,主要穿插于其他装饰纹样中,但人物形象也折射出当时社会文化背景,宋代流行的婴戏纹在元代继续流行。宋代由于实行"安内虚外,重文抑武"的政策,北方常受外族侵扰,战争频繁人口下降,人们自然祈求和平和人丁兴旺,家中多男子也是家族兴旺的表现。此外受佛教影响的持荷生化婴孩纹得以广泛流传,种种心理需求使得婴戏纹继续在元代纺织品中出现。

⑤ 另一种表现士大夫理想中悠闲恬淡生活的文人趣味题材也比较有特色,因题材受众体的限制,主要体现在民间纺织品中,特别是南方民间比较流行。官方织物中的人物题材为具有西域特色的人面纹织金锦,体现了元代多元文化的兼容并蓄。

⑥ 相对于同时期的元代青花瓷中受元曲兴盛的影响,出现了许多人物故事题材,如"萧何月下追韩信""鬼谷子下山图""三顾茅庐图"等人物故事图在元代纺织品纹样中并未出现,这或许是因产品的消费群体文化需求不同所致。在织物、首饰等以女性消费者为主的图案创作中,多倾向于夫妻恩爱、多子多福、福禄寿喜等吉祥寓意题材。

四、文字纹

元代也有少数纺织品使用文字作为装饰题材,主要分为三类:一类为汉字书法,内容主要是用于供奉的吉祥语、佛经,表现技法有刺绣、织造工艺;一类为阿拉伯语或模仿阿拉伯语的带状装饰纹样;还有一类为八思巴文,由于八思巴文字推广使用时间较晚,所以纺织品中八思巴文出现较少。

（一）元代纺织品中文字形象

1. 汉字

元代纺织品中以汉字为装饰主题的织物主要为欣赏品,如山东邹城李裕庵墓出土的福禄寿绫巾(图3-111),织物中心以印染方式装饰书写文字,"右词寄喜春来敬愿祝南山之寿纹锁色胜秋霜无样质光凝秋月不三童子女称织禁香又赫宜献老人呈"。首都博物馆藏黄缎地绣妙法莲华经第五卷(图3-112),织物用锁针刺绣手法模仿书法,在黄段底上黑丝线刺绣,佛字和佛形象用金线刺绣。以及美国纽约大都会博物馆藏寿字云纹缎(图3-113),如意云头组成折枝花,在花蕊及花顶端分别装饰篆书寿字。元纺织品中文字有直接临摹书法作品,也有将文字图案化处理与植物相结合的表现手法,书法文字所表现的是对吉祥幸福美好生活的祈求与向往。

图3-111　元福禄寿绫巾(山东邹城李裕庵墓出土)

图3-112　元黄缎地绣妙法莲华经第五卷(首都博物馆藏)

图3-113　元寿字云纹缎(美国大都会博物馆藏)

2. 阿拉伯及近似阿拉伯文字的异样纹

元代织工中有信仰伊斯兰教的工匠,所以在织物上会出现织工阿拉伯文姓名,以及较多的近似阿拉伯文字的带状装饰纹样,或称为异样纹。如内蒙古达茂旗明水墓出土蒙元织金锦袍背襕纹样(图3-114),织物中间以宽带为造型元素穿插盘绕两个半圆组织成圆形图案,在两半圆中间用两根带连接,并用两相对的折角突破变化,带末端用三瓣叶装饰构成方形,纹样规整间接而富有层次变化。内蒙古达茂旗明水墓出土蒙元织金锦袍肩襕纹样(图3-115),纹样以宽带及三瓣叶为元素组织带式装饰纹样。由于伊斯兰教反对偶像崇拜,所以装饰纹样以密集的几何纹、植物纹为主,带状纹宽窄相间层次丰富具有伊斯兰装饰风格,这些近似阿拉伯文字的带状纹可能出自信仰伊斯兰教的织工之手,或者为中原织工对阿拉伯文字装饰效果的模仿,表现繁缛的带状几何纹样。

图3-114 蒙元织金锦袍肩襕纹(内蒙古达茂旗明水墓出土)

图3-115 蒙元织金锦袍背襕纹复原(内蒙古达茂旗明水墓出土)

图3-116 元内蒙古达茂旗明水墓出土异样纹锦(内蒙古考古研究所藏)

（3）八思巴文字

忽必烈时期,由国师八思巴所创八思巴文在至元六年全国颁行,但推广并不顺利,主要运用于官方文件,所以元代纺织品中出现八思巴文织物不多,主要有私人收藏八思八文六字真言织金缎(图3-117),红底金字横条带状装饰。

（二）元代纺织品中文字形象特征

元代纺织品中出现的阿拉伯文字或模仿阿拉伯文字的带状装饰非常有特色,被称为异文织锦,[1]元代服饰在肩、膝盖等处装饰带状袖襕、裙边等装饰,阿拉伯文字带状装饰正好便于裁剪。纹样由上下两条窄带中间夹一宽带构成,这种分宽窄装饰带组合的形式在唐代织物中亦有所见,宋代建筑装饰中也有类似的带状装饰纹样,同时期的元代青花瓷装饰中带状装饰构成形式也极常见,但是模仿阿拉伯文字的带状装饰纹多出现于织物中,或许是因为在官方纺织作坊中有信仰伊斯兰教的织工织造了阿拉伯文字织物,遂被汉人模仿,逐渐形成独特装饰题材,直到今日

图3-117 元六字真言织金缎(私人收藏)

[1] 赵丰,薛雁.明水出土的蒙元丝织品[J].内蒙古文物考古,2001(1):127.

蒙古族服饰镶边装饰仍然流行。

　　① 元代纺织品中主要有三种文字：汉字、阿拉伯文字或仿阿拉伯文字的异样纹，以及八思巴文。

　　② 汉字以及出现的八思巴文主要用于表现佛经或吉祥话语，用于祈求理想中的美好生活。

　　③ 近似阿拉伯文字的繁缛带状装饰纹，被称为异样纹，纹样由几何纹和植物纹组合成宽窄相间的带状，形成疏密层次变化具有伊斯兰装饰风格纹样。

第五节　几 何 纹 样

　　元代纺织品中几何纹常作为地纹装饰，主要有卍字组成的曲水纹、琐纹等，这些几何纹既可以独立构成装饰主题，又可以作为织物地纹丰富层次，增强精致感，纹样源自对不同元素的模仿，非常具有装饰特点（图3-118）。

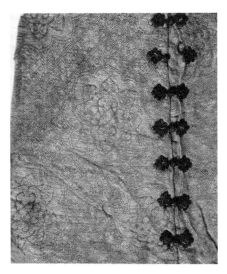

图3-118　元菱格地团花织金锦（甘肃漳县汪氏家族墓出土，甘肃省博物馆藏）

一、琐纹

　　"琐"通"锁"，即环环相扣，引申为血脉相连，子孙繁衍不断之意。《营造法式》彩画作制度中将琐纹图案分为六类："琐文有六品，一曰琐子，联环琐、玛瑙琐、叠环之类同；二曰覃文，金铤文、银铤、方环之类同，三曰罗地龟文，六出龟文，交脚龟文之类同，四曰四出，六出之类同；五曰剑环；六曰曲水。"[1] 早在东汉的文献中已记载了建筑中琐纹的应用情况，东汉《西都赋》："绣栭云楣，镂槛文𣐽。"𣐽，连檐也。另，《吴都赋》："青琐丹楹，图以云气，画以仙灵。"青琐，即渲染成蓝色的琐纹。琐纹不论是用于纺织品还是建筑彩绘纹饰都是表现编结形成的视觉效果，东汉时期记载的琐文还仅应用于建筑彩绘上，到盛唐时期琐文已展现在纺织品上了。吉美博物馆所收藏的四尊彩绘木雕天王造像，编号 MG. 15142（图3-119、图3-120）和 MG. 15143 两尊双腿直立天王，另两尊天王编号

---

[1]　赵丰. 中国丝绸艺术史[M]. 北京：文物出版社，2005：164.

MG.17761和MG.17762,造型一腿直立另一腿高抬。弗朗索瓦·德韦斯(François Deves)在《吉美博物馆藏敦煌木雕》一文中认为前者的制作时间为公元7—8世纪,后两尊制作年代很有可能是在8世纪,天王铠甲所绘纹饰大部分为不同造型几何纹。[1]

1. 天王(MG.15142)

图3-119　彩绘木雕天王造像正面(吉美博物馆收藏)　　　　图3-120　彩绘木雕天王造像背面

表3-21　天王膝裙背后的织绣纹样

天王	纹样色彩	纹样整理	纹样组织骨骼	织物工艺
MG.15143				丝织或刺绣 皮甲连缀
MG.17761				皮甲连缀 丝织
MG.17762				皮甲连缀

[1]　*Les bois de Dunhuang au musée Guiment* 中 *Les Rois célestes* 一文。

MG.15142、MG.15143、MG.17761 和 MG.17762 天王造像铠甲上描绘规矩排列的几何纹应是表现皮革编结形成的琐纹,因此也可以说元代流行的琐纹并不一定是源于建筑,也可能是从铠甲编结的肌理发展而来,天王身上所穿的铠甲琐纹可能就是对唐代丝绸纹样的直接表现。在山西永乐宫元代壁画中,人物服饰图案大量使用琐纹,表明当时琐纹为服饰流行图案。

琐纹虽然由于抽象简单富有变化,纹样结构易于织造表现,在纺织品纹样中流传久远,但宋元时期琐纹兴盛的真正原因也有多种解释,如赵丰认为其流行与伊斯兰文化传播有关,[1]因伊斯兰教义装饰不用人物和动物,但变化丰富的几何纹是伊斯兰教建筑装饰常用的装饰题材,元代伊斯兰教民地位较高,不少贵族信仰伊斯兰教,因此伊斯兰装饰风格自上而下地影响了元代装饰艺术,这也可能是元代琐纹流行的一个重要原因。

二、龟背纹

龟背纹为六角形骨架,形如龟背花纹。敦煌莫高窟出土的北魏时期刺绣花边,图案为联珠串成的龟背纹和圆环套叠而成,环内区域填充忍冬纹和小片卷叶纹,[2]唐代开始流行,新疆阿斯塔那出土唐代朵花"王"字龟背纹锦可为佐证。宋时龟背纹成为极常见的装饰纹样。据《营造法式》中记录,宋有罗地龟文、六出龟文、交脚龟文等几何骨架。纹样通过两两错排形成如龟背的六边形空隙底纹,在空隙处常装饰缠枝纹或折枝纹。龟背纹主要因其具有长寿之意,成为宋代流行纹样。元代龟背纹锦数量开始增多,主要作为装饰底纹,在元代集宁路古城遗址窖藏的特结锦对格里芬锦被,团窠外装饰龟背底纹(图3-121),特结锦是中亚工艺织造的"撒答剌欺"(Zandaniji),有两组经线,地经和特结经,两组纬线,地纬和特结纬。尚刚和林梅村都认为这类锦是由信仰伊斯兰教的织工织造,此外有许多文章将元代纺织品中以龟背纹做底纹归为伊斯兰风格的影响,虽然伊斯兰教的影响是一重要影响因素,但纹样的流行应是多元文化交融形成的,其长寿的吉祥寓意,以及易于用不同工艺表现都是其长盛不衰的原因。

图3-121　蒙古时期织舍锦上龟背纹(内蒙古集宁路窖藏遗址出土)

---

[1]　赵丰.中国丝绸艺术史[M].北京:文物出版社,2005;165.

[2]　赵丰,罗华庆主编.千缕百纳敦煌莫高窟出土纺织品的保护与研究.2013(12);65.

三、毬路纹

毬路纹，又称"毬露纹"，是宋元时代流行的装饰纹样，图案骨骼为多圆交接形成，圆形中间构成如铜钱的方孔造型，根据交接切割弧度不同可分成四斜球纹（路）和簇六球纹（路）锦两大类（表3-22）。赵丰认为毬路纹的毬为球与鞠通，与当时的体育运动有关。[1] 在欧阳修《归田录》卷二云：太宗时创为金锜之制以赐两府群臣，"方团毬路以赐两府"，扬之水认为至明清时期才将其称为"古老钱"或"连钱纹"，宋元时期其形象实为象征官运，作为显宦特赐之服饰。也有观点认为毬路纹应是唐代流行的联珠纹、团花纹样的发展变革。多重因素使得毬路纹被金、辽、西夏时期游牧民族所接受，并至元代装饰纹样中继续使用，如辽耶律羽之墓出土的毬路孔雀四鸟纹绫、毬路奔鹿飞鹰宝花绫，通过圆环套叠形成尖窠形的装饰区域，窠内填充不同主题的装饰纹样，每个尖窠形内装饰内容各不相同，有的将中心、外圈四个尖窠分别装饰二三个主题，纹样异常精美。

元代纺织品中除了织锦外有多种工艺表现的毬路纹，在河北隆化鸽子洞出土的刺绣实物中还出现以毬路纹为骨骼的刺绣纹样。此外元代金银首饰装饰中也用到毬路纹，说明具有吉祥寓意的毬路纹在元代非常盛行。

元代毬路纹的流行当然离不开时代背景下伊斯兰艺术的影响，可以发现在伊斯兰教建筑镶嵌整面墙装饰近似毬路纹，这种装饰风格的影响必然促进毬路纹在元代的发展，但毬路纹在宋代造型已基本确定，因此可以说此纹样在元代的流行是由于纹样形象发展成熟，加上被赋予的吉祥寓意，在细致紧密的伊斯兰装饰风格影响下，流行于纺织品装饰纹样中。

表3-22　元代纺织品中的毬路纹

元代纺织品中的毬路纹		
	毬路纹丝绸饰片	白绫地彩绣花蝶镜衣

四、八搭晕纹

八搭晕纹以圆形和方形为框架骨骼，通过水平线和垂直线，将上下左右四个方向连接，或斜线成对角连接，在连接交叉点处安置方形、圆形或椭圆形，内填充不同紧密度的几何纹、花卉纹或动物纹，视觉上形成虚幻的空间层次感（图3-131）。

八搭晕的"搭"在"十样锦"中写为"苔"，唐代已开始生产，称为"大綟锦""小綟锦"。宋称"八答晕"，元代称"八搭晕"，即八路相通，后成为此锦的代称，纹样结构为规矩的方、圆、几何纹和自然形组织成满地的视觉效果。宋元时期由八块不同纹样的"搭子"配合构成，有四通八达的含义。据《尔雅》："一达谓之崇期。郭璞注："四道交出"。

元代八搭晕锦实物并不多见，据元陶宗仪《南村辍耕录》记载，宋锦有八花晕锦。[2] 元脱脱编著《宋史》卷一百六十三中记载：凡文武官绫纸五种，分十二等：一等一十八张，滴粉缕金花大犀轴，八

［1］　赵丰.球名织锦小考［J］.丝绸研究史,1987(1-2):48-54

［2］　［元］陶宗仪.南村辍耕录［M］.北京:中华书局,1997:254.

达晕锦裱韬,色带。[1]表明宋时八搭晕纹锦主要用于书画装裱,雕版印刷的发展为宋代文化交流提供了必要条件,加上宋代"重文抑武"的政策,以及宋成立皇家画院促进了绘画繁荣发展,书籍、绘画作为文化传播的载体当时社会需求量必然很大,因此用于装裱的宋八搭晕锦也得到发展。后因元代贵族对汉文化的打压,不难理解为何元代这类题材的纺织实物发现较少。目前对此纹样分析有两种观点:一种观点认为源于中国建筑中的斗八藻井构图,[2]一种观点认为是受蒙古大军西征,由西亚、东欧工匠为元代皇族制造的掐丝珐琅发展而来,由于明景泰年间掐丝珐琅得到空前发展,从而影响推广了明代织锦中八搭晕纹样的应用。[3]由于元代掐丝珐琅主要还是在蒙古贵族中使用,因此其装饰风格在元代影响力应该不大,掐丝珐琅装饰风格影响到民间织工应该是明以后的事。笔者认为八搭晕纹应主要还是源于中原文化的影响。

图 3-131　元末至明初八搭晕织金锦特结锦(伦敦斯宾克公司藏)

[1]　脱脱.宋史卷一百六十三[M].北京:中华书局,1977:224.
[2]　赵丰.中国丝绸艺术史[M].北京:文物出版社,2005:164.
[3]　赵琳.元明工艺美术风格流变[D].复旦大学,2011:45.

第四章

元代纺织品图案构成

　　纺织品中图案的构成形式及特殊的编排能使图案设计独具魅力,图案的构成形式既受技术的制约,也得益于技术表现的特征,不同的织造技术、刺绣技术、印染技术以及织物的使用功能特征,均体现在纺织品图案的构成形式中。

第一节　散点排列

元代纺织品中有较大部分构图采用散点排列,散点排列形成的纹样有一称呼为"散搭子","散搭子"是指一块块面积较小、形状自由的单元纹样散点排列图案。"搭"在当时口语中即块的意思。宋元时期搭有"块""处"的含义。在《水浒传》中有段描述杨志形象的话,"晁盖把灯照那person脸时,紫黑阔脸,鬓边一搭朱砂记",也表明"搭"在当时是"块"的意思。据《大金集礼·仪仗》记载:"一品官服大独窠花罗,直径不过三寸;二品三品服散答花头罗,直径不过一寸半。"另《通制条格·衣服》载:"职官除龙凤纹外,壹品贰品服浑金花,叁品服金搭子……陆品以下惟服销金并金纱答子。"可表明搭子纹样在金、元时期是比较常见的丝绸纹样。其搭子组织特点是没有底纹,每块搭子面积较小,没有辅花,经常用金装饰纹样。[1]单元纹样有左右对称构图及自由均衡式构图两种形式,多将单元纹样进行两两错排。单元图案窠形有滴珠形、圆形、方形以及折枝花等小块状图案,其中方形搭子最为常见,特别是方形搭子图案在进行两两错排时会出现一个方底虚形,使得画面多一个层次而受到欢迎(图4-1)。另折枝花以较为宽松形式排列也会形成散搭构图效果,如江西德安周氏墓出土有黄褐色折枝花卉罗、折枝梅兰如意纹罗、山茶如意纹罗、折枝梅花绮等十余种。现出土织物中搭子图案多为印金工艺,少有织金织物,可能因制作工艺影响,印比织相对出品快,所以散搭织物多为印金工艺。

图4-1　元印金方格花纹罗(私人收藏)

元代纺织品中使用散搭构图较集中于兔纹和鹿纹题材,兔纹、鹿纹中表现"秋山"题材常用印金或织金的手法表现,这也反映出散搭组织织物在元代是非常受蒙古贵族喜爱,现所出土搭子图案较多出现在元代集宁路古城遗址、甘肃漳县汪氏家族墓,墓主人品位均较高,也证实散搭组织主要流行于北方贵族间,原因为元代贵族服饰面料喜用金装饰,印金工艺是最快生产用金装饰织物的工艺,小面积的散搭组织纹样容易制作雕刻模印,因此元代散搭组织织物较多印金工艺表现的兔、鹿纹样。然而作为服饰用料,散搭组织织物也有一定的缺陷,如散搭组织单元纹样有明显的方向性,因此运用于服饰面料由于拼料会产生一定的浪费,而方向感不太明显的图案如缠枝花、四面对称的团窠图案,

---

[1]　赵丰.中国丝绸艺术史[M].北京:文物出版社,2005:163.

使用中更具灵活性,有省料优势,逐渐成为之后明清的主要织物图案构图形式。

元代纺织品中纹样散点排列归纳为以下三种形式:

一、并列式

单元纹样横向及纵向重复排列,并一一对应的排列方式,如团窠、滴珠窠常采用此排列方式,此种排列方式是纺织品中最常用的组织方式,主要通过窠内主题纹样或窠外负纹形成虚实变化。有时也会通过两组较为简单的单元纹变换排列,或者行距与间距并不均等变化,利用间距大于行距起到活跃画面效果(图4-2、图4-3)。

图4-2 并列式排列示意图

图4-3 元早期对龙对凤两色绫(伦敦斯宾克公司藏)

二、错排式

单元纹样利用错位排列,增强画面的变化感,在团窠、滴珠窠等构图中使用较多,特别是滴珠窠织金锦中大量使用此排列形式,错排单元纹样排列的间距有相近也有距离远,也有错排上下行距小,左右间距略大形成条纹变化效果。简单造型的单元纹样也会通过错排换色增加视觉变化(表4-1、图4-4)。

表4-1 错排式

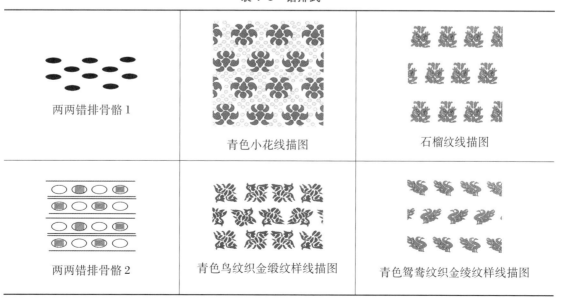

| 两两错排骨骼1 | 青色小花线描图 | 石榴纹线描图 |
| 两两错排骨骼2 | 青色鸟纹织金缎纹样线描图 | 青色鸳鸯纹织金绫纹样线描图 |

图 4-4　元滴珠窠绫（私人收藏）

三、对称式

　　对称构图形式分为均齐式和均衡式两类，均齐式是指图案上下左右或者仅左右、上下部分是完全对称的样式，这种构图形式的画面往往略显呆板，在此基础上的对称变化是轴对称，即将一部分旋转180度角，两部分纹样完全一样。均衡式是由于受到工艺的限制，两部分不可能完全一致，因此在局部作些调整，使得画面整体效果左右对称，局部有细节变化，这种构图形式多出现在刺绣构图中。另一种均衡式即通过动植物动态调整使形态重心平衡，构图形式布局较为自由，形象更为生动。

　　1. 均齐式

　　左右对称、轴对称、上下左右对称（图4-5～图4-10）。

图 4-5　均齐式左右对称骨骼图

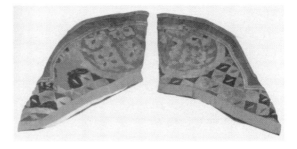

图 4-6　元菱格地花卉纹缂丝靴套

图 4-7　均齐式左右上下对称骨骼图

图 4-8　元凤穿牡丹纹刺绣（敦煌莫高窟北窟出土）

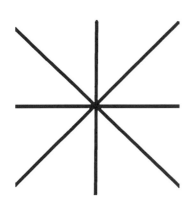

图4-9　均齐式上下左右对称骨骼图

图4-10　元凤穿牡丹纹刺绣(敦煌莫高窟北窟出土)

2. 均衡式

不完全对称,有局部变化,视觉上有对称感(图4-11)。

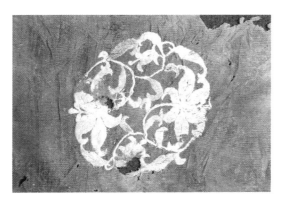

图4-11　蒙古时期花绫刺绣团花百合(内蒙古镶黄旗哈沙图出土,内蒙古考古研究所藏)

第二节　骨架排列

元代纺织品中常运用细密规矩的几何骨架对比开光内的主题纹样,或者单元纹样通过排列组合形成丰富的视觉效果。元代纺织品中主要几何骨架为格子骨架、琐文、龟文、八搭晕等,以及更为自由活泼的波纹骨架,通过排列波纹骨架形成满地的缠枝花效果。

一、格子骨架

格子骨架主要是指通过水平线、垂直线或斜线交错构成格子骨骼,这是纺织品最为初始的构成形式,这些几何骨架除了前文分析可以单独成纹,骨架内还可填充不同装饰纹样,或利用色彩的深浅变化、色彩冷暖变化形成抽象的构成画面,此外几何骨架还可以作为地纹,通过疏密对比开光内装饰纹样(图4-12)。

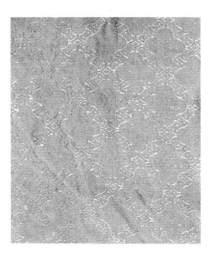

图4-12　元金铤菱格万字纹花绢绵衣局部(苏州曹氏墓出土,苏州博物馆藏)

二、波纹骨架

元代纺织品中缠枝花多用波纹骨架排列组成,扬之水《曾有西风半点香——对波纹源流考》一文认为对波纹源于先秦以来的建筑纹样,由南北朝时期的忍冬纹发展而来,以"对波"形式排列的"忍冬纹",实即合抱式缠枝卷草,骨骼造型有交缠与不相交之分,发展至唐代骨骼线形仍然连贯清晰,或许表达夫妻美满的连理枝之寓意(图4-13)。

元代纺织品中的波纹骨架之所以被定名为缠枝,主要在于纹样波纹骨骼被花头或花叶隔断,骨骼线形不再明显,纹样追求写实自然,但仔细观察缠枝纹样还是由单枝波纹骨骼构成。

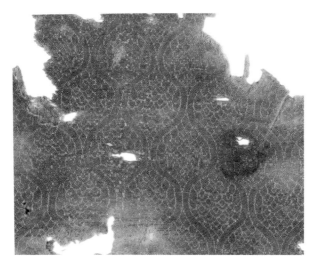

图4-13　元水波纹织金锦(私人收藏)

三、缠枝骨架

元代纺织品中缠枝骨架非常流行,并且日趋程式化。明代在此基础上延续发展,成为花卉题材最常见的构图骨架之一。元纺织品中的缠枝骨架有两种组合形式,一种由波纹骨架发展而成,藤蔓连续穿插形成满地效果,另一种实为折枝花,通过紧密排列视觉上形成缠枝满地的效果,为宋代流行散搭折枝花的发展,此型具有时代特征,织物以织的工艺为主。

　　元代缠枝花卉的藤蔓式骨骼最早可追溯到汉代流行的柿蒂纹,[1]以及汉代信期绣、乘云绣中装饰的云气纹、茱萸纹,织物纹样气韵流动,通过曲线元素构成满地效果。赵丰将缠枝穿枝纹归为由魏晋时期忍冬纹发展而来,[2]并把缠枝与动物纹样结合称为缠枝穿枝式。忍冬纹为魏晋时期佛教装饰题材中重要植物纹样,并主要以波纹骨架组织形成满地效果。佛教诞生地古印度,以及西方古埃及以莲花和纸莎草为发展母体,古希腊以棕榈叶和莨苕叶为发展母体,都出现了不同缠枝形态的装饰纹样。这些装饰母体在魏晋时期随佛教融入中原装饰纹样中,形成六朝时期盛行的波状忍冬纹及莲花纹,表现在敦煌魏晋时期壁画人字披上已有折枝莲花纹,莲花花头多侧面造型,漂浮于空隙处如行云流水。

　　发展至唐代开始出现了折枝花的构图形式,盛行气韵涌动的卷草纹、葡萄纹,敦煌唐代壁画供养人服饰上装饰折枝式卷草纹,都具有元代纺织品中缠枝花造型元素。写实风格折枝花在唐代织物中已有出现,如诗歌描述,秦韬玉《织锦妇》:"合蝉巧间双盘带,联雁斜衔小折枝。"章孝标《织绫词》:"瑶台雪里鹤张翅,禁苑风前梅折枝。"诗句反映当时士大夫阶层服用折枝图案的喜好,这也源于唐代花鸟画的兴起影响了人们的审美趣味,加上唐代是个多元文化交融的时代,对外来文化兼容并蓄的吸收,如波斯、印度装饰风格的影响,甚至希腊装饰风格的影响促进了唐代折枝花的盛行。花鸟画发展至五代以徐熙、黄筌为代表的两大流派,确立了花鸟画发展史上富贵与野逸两种不同风格类型。至宋代花鸟画日趋成熟,折枝莲花、折枝牡丹成为具有时代特征的图案,折枝花也影响到辽西夏装饰题材,成为主要构图形式,如北方辽庆州白塔和黑龙江阿城金墓也出土了大量折枝花纹织物。元代纺织品中很自然也保留了这一构图,但元代纺织品中折枝花造型具有变化的是,将折枝花造型通过较为紧密地排列,腾蔓连接形成缠枝骨骼的构图效果。如图4-14,沅陵出土元代折枝花卉纹绫。

图4-14　元初折枝花卉纹绫(沅陵出土)

　　元代纺织品中的缠枝骨骼最为常见的是凤穿牡丹缠枝纹,另有延续宋代"一年景"题材将多种花卉连贯一起,翻卷的藤蔓中或穿插禽鸟瑞兽,形成缠枝满地效果。元代纺织品中缠枝骨骼处理上突出花头不同角度的造型,弱化枝叶的形象,这种强调花头弱化枝叶的处理手法自五代时期已出现,

[1]　赵丰.中国丝绸艺术史[M].北京:文物出版社,2005:157.
[2]　同[1]。

如江苏苏州虎丘出土的五代紫绛绢地绣宝相睡莲经帙,已用夸大莲花花头,弱化周边枝叶的处理手法。元代缠枝骨骼盛行,也源自伊斯兰艺术风格的影响。伊斯兰正统教派反对偶像崇拜,聪明的艺匠将植物、文字、几何纹等元素组合起来构成精巧细密的装饰纹样,满、细密是伊斯兰装饰艺术突出的风格特征(图4-15、图4-16)。

图4-15 伊斯兰装饰砖缠枝花纹样

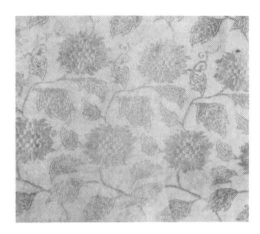

图4-16 元缠枝牡丹缎(江苏无锡钱裕墓藏)

第三节 开 光 图 案

开光指在锦地上留出一块边缘完整的装饰区域,区域内装饰另一种纹样,这种装饰手法可能由建筑窗户演变而来,所以称为"开光",意同"开窗"。元代纺织品中的开光图案有云肩纹、方形、圆形、滴珠形、樗蒲窠形、菱形为外轮廓图案。常在服装肩部或胸、背部装饰开光纹样,开光内装饰的纹样多为折枝花、缠枝花,或龙凤祥禽瑞兽等。细密的锦地有锁纹地上开光,卍字纹地上开光,毯路纹地上开光,龟背纹地上开光等,在开光纺织品中窠内纹样与窠外纹样形成疏密对比,利用窠外繁缛纹样衬托窠内主体形。

开光装饰手法在伊斯兰装饰艺术中常被设计者使用,但元代纺织品中开光装饰手法运用不能完全归于伊斯兰教的影响,早在受西亚波斯萨珊艺术影响的唐代金银器上已开始使用开光的装饰手法,波斯萨珊艺术与伊斯兰艺术之间有着承接关系,开光装饰手法不仅运用于纺织品装饰上,也是金银器、瓷器的常见装饰手法,形成独具时代特色的风格。在宋瓷中开光装饰手法运用也非常普遍,如:宋《营造法式》中已明确记载多种窠形,如瓣窠、带花瓣外形的团窠,根据花瓣多少可分为四入、六入、八入、十二入、十八入等。此外还有玛瑙窠、方胜窠、樗蒲窠、珠焰窠等。内蒙古镶黄旗乌兰沟元马鞍上八曲海棠开光内装饰卧鹿纹(图4-17),开光内一头戴珊瑚状双角的鹿卧于花草丛中,造型与织金锦上的卧鹿造型构图极为相似,应是当时流行的一类题材。[1]纹样比较表明元代开光的装饰手法是中原文化在一次次中外交流过程中,吸收外来风格不断发展的成果。河北省博物馆藏元釉里红开光花卉纹盖罐(图4-18),罐腹部用八曲海棠开光,内装饰花卉,开光内的装饰纹样进一步中原化。

图4-17　元马鞍上八曲海棠开光内装饰卧鹿纹（内蒙古镶黄旗乌兰沟出土）

图4-18　元釉里红开光花卉纹盖罐（河北省博物馆藏）

一、团窠

纺织品中隋代开始出现椭圆形联珠纹织物，初唐时期出现成熟的圆形联珠纹织物，之后发展为圆形窠内主题纹样与窠外的辅形纹样结合的团窠排列形式，成为纺织品盛行不衰的装饰纹样。元代纺织品中采用团窠构图的织物题材主要分为两类：一类为西域题材的格里芬等纹样，主要以窠内左右对称构图为主；一类为中原主题的龙凤、花卉题材，团窠内构图形式多样化，有左右对称，也有单只龙、凤构成团窠，还有两只头尾相呼应形成回旋的动态构图。

（一）左右对称组织

纺织品中西域风格的格里芬、双头鸟等题材大部分选用团窠构图形式，团窠内纹样采用左右对称构图，并且在团窠外装饰一圆环，窠外以四团窠相连形成中间菱形空底区域组织辅纹，辅纹也以对称构图为主。这种团窠构图内部左右对称的形式应是西域纺织品纹样构图的特征，受西域风格影响的唐代织锦的装饰纹样中，如新疆阿斯塔那、敦煌莫高窟，以及海外博物馆都出土或收藏有大量团窠内左右对称构图的唐代织锦，其中有一部分确定为波斯、粟特锦。《旧唐书·舆服志》载："延载元年五月，则天内出绯紫单罗铭襟背衫，赐文武三品以上，左右监门卫将军等饰以对狮子、左右豹韬卫饰以对豹、左右鹰扬卫饰以对鹰、左右玉钤卫饰以对鹘、左右金吾卫饰以对豸、诸王饰以盘石及鹿，宰相饰以凤池，尚书饰以对雁。"表明武则天时期开始用动物纹样表示不同等级，动物以对称形式构图，至文宗时期此形式确定下来，并一直延续到辽代早期。[2]唐代织物中绫阳公样便是模仿西域纹样以动物左右对称构图为主要形式。盛唐以后团窠外圈圆环也在发生变化，由联珠纹逐步发展为朵花，再逐渐与窠内图形连成一体。如吐鲁番阿斯塔那226号墓出土一件带有景云元年（710）墨书题记的黄色团窠双珠对龙纹绮，饰有双层联珠，可见外环装饰开始发生变化，晚唐至五代时期团窠外环发展为以朵花组成外环，如巴黎吉美博物馆藏吉字葡萄团窠中单脚站立一凤鸟，团窠外圈为葡萄叶组成团窠圆环（图4-19）。

元代纺织品中装饰纹样再次流行西域风，团窠内装饰大量左右对称的动物纹样，并且动物题材更具西域特征，如格里芬、鹦鹉、摩羯鱼等。团窠外装饰又有新发展，窠内图案紧密，窠外环处理为宽边圆环以对比窠内细密的装饰纹样，另有织物外环内装饰阿拉伯文字，直接表明此构图形式与西域装饰纹样之间的关系。

［1］　赵丰. 中国丝绸艺术史［M］. 北京：文物出版社，2005：166.

［2］　赵丰. 雁衔绶带锦袍研究［J］. 文物，2002（4）：79.

元代纺织品中团龙、团凤、龙凤组合以及花卉题材也大部分为团窠构图(图4-20)。这类题材的团窠构图,如无地纹窠内多由龙、凤构成团窠主形,外圈没有边框。如窠内有细密地纹,会有一空白外边。团窠内部装饰不再仅拘泥于对称形式,有单只龙、凤、折枝花组成圆形团窠,也有上下呼应,左右回旋式构图。

图4-19 唐吉字葡萄团窠(巴黎吉美博物馆藏)

图4-20 蒙元时期红地团窠对鸟盘龙织金锦(私人收藏)

(二)回旋组织

回旋组织以喜相逢式S形构图,或称为回旋式团窠。目前此构图实物最早出现在法门寺地宫出土鹦鹉纹锦,此外还有唐代蓝地团窠鹰纹锦(L:S331:1)及红地团凤纹妆花绫(L:S.644)(图4-21),红地团狮纹绫(L:S.326)(图4-22),以及巴黎吉美博物馆藏红地彩绘团雁纹麻布幡,织物纹样都使用了喜相逢式的团窠构图。[1]

图4-21 唐红地团凤纹妆花绫复原稿

图4-22 唐红地团狮纹绫复原稿

唐代流行喜相逢构图必然受相关文化因素影响,有专家认为因回旋组织与中国道教阴阳鱼太极图案一脉相通,[1]道教在注释《易经》时常用图示直观凸现义理,隋、唐时期出现了大量图解周易的

---

[1] 王乐,赵丰.敦煌丝绸中的团窠图案[J].丝绸,2009(1):47.

著作,图示解释成为当时的一种文风,使得五代时华山道士初创的太极图雏形逐渐演变成熟。此外,唐代花鸟绘画的发展也是影响织物中纹样回旋组织构图的重要因素之一。唐代花鸟画独立成科,画家专攻某一题材,注重表现动物结构动态,如薛稷画鹤,张旻画鸡等。各种形态的禽鸟不再是生硬的相对站立,对动物动态的熟练掌握,是织物中动物以喜相逢式动态构图的发展基础。花鸟画至五代出现了文院两支派系,代表人物为徐熙、黄开宗,并有评价:"黄家富贵,徐熙野逸,不唯各言其志,盖耳目所习",画院风格强调格法和绘事功力,文人士大夫则追求清逸传神。北宋黄休复将绘画艺术的品位划分定格为"逸""神""妙""能"四格,将"逸格"列居为首。发展至元代,蒙汉易祚,废除科举、撤除画院,政治文化格局发生了翻天覆地的变化,文人士大夫追求隐逸以寻求心灵的满足,逐渐形成了两派融合的逸笔写实花鸟画,进入追求神形统一的新的审美时期。喜相逢式构图正是表现禽鸟自由嬉戏的自然景象,应用于花卉题材的装饰构图中,穿插的枝干与花头也展现了写实花卉的风格,在元代刺绣织物中能够从花鸟的动态、构图中看出刺绣粉本源于元代花鸟画的构图布局。因此由唐代左右对称图案式的构图发展至喜相逢式的回旋团窠式,与当时唐代花鸟画的发展分不开的。随着追求神似的逸笔写实花鸟画的发展,回旋式团窠构图进一步推进了装饰图案向自然写实的绘画风格发展的趋势,成为元代纺织品中表现禽鸟、花卉题材常见构图形式。

二、滴珠窠

　　元代织锦中有一部分织物纹样为滴珠窠构图,团窠造型为上尖下圆似滴落的水珠,窠内装饰动物、植物纹。目前发现的元代纺织品中滴珠窠内装饰主题有鹿纹、凤纹、兔纹、莲花等,装饰有底纹的滴珠窠边缘饰有一圈边线,没有底纹的滴珠窠直接以窠内图形组成滴珠造型。

　　滴珠窠运用于元代纺织品中多为织金锦,装饰题材主要集中在鹿、兔等被归为"秋山"题材,因此滴珠窠形也被认为源于西域的构图形式。然而《南村辍耕录》中记载宋代已有成熟的珠焰窠,造型应与此窠形非常接近,并且滴珠窠的造型在宋代已非常普遍地应用于工艺品造型,如发现的宋代瓷枕中有许多造型为近滴珠状,被称为如意形瓷枕。至元代,器物中滴珠形十分常见,特别是与元代金银首饰中的帔坠造型相似的滴珠形。

表4-2　元代纺织品中春水纹与元帔坠形象比较

元银鎏金帔坠(上海宝山区浦乡谭氏夫妇墓出土)	蒙古时期绿地鹘捕雁纹妆金绢(私人收藏)

　　元代滴珠窠妆金绢中的春水纹,窠内主体形为海东青捕食大雁,四周环绕莲花、莲叶,其纹样题材造型与元银鎏金帔坠内装饰形象极为接近,虽然帔坠内纹样左右对称构图,妆金绢为均衡式构图,

---

[1]　赵丰.中国丝绸艺术史[M].北京:中华书局,2005,160.

但两者装饰的大雁及四周装饰莲花、莲叶形象非常相近,表明滴珠窠形及大雁、莲花纹样组织形式在当时非常流行,装饰题材不同工艺品都有选用,也间接说明春水纹造型借鉴了当时中原流行的构图形象来表现(表4-2)。

表4-3　元代纺织品中植物纹与元帔坠形象比较

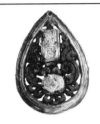   

银鎏金帔坠(福州南宋瑞平二年墓出土)	银鎏金帔坠(江西德安南宋墓出土)	银鎏金帔坠(江西德安南宋墓出土)	莲花纹妆金绢

表4-4　元代纺织品中滴珠窠动物纹与其他工艺比较

元银鎏金满池娇纹簪(湖南攸县桃水镇窖藏)	元麒麟凤凰金簪(湖南临澧新合元代窖藏出土)	金白玉镂雕双鹿纹牌饰	元滴珠窠行鹿纹织金锦(私人收藏)

宋白玉镂空福禄寿图(定州博物馆藏)	宋定窑白釉褐彩如意形鹿纹枕(西安交通大学出土)

表4-3、表4-4滴珠窠的不同工艺品与织锦比较可以说明以下几点问题:

① 滴珠窠构图形式及窠内装饰题材在南宋、元时期非常流行,不同工艺品中滴珠窠装饰构图都非常相近。元代纺织品中的滴珠窠纹样继续延用中原流行的装饰纹样。

现出土的宋代滴珠式帔坠造型,如南京幕府山宋墓出土的金鸾凤穿花纹帔坠,外有宽窄、繁密多圈边框,内装细密的一对鸾凤上下飞舞于菊花、茶花、牡丹花丛中,与元织物滴珠团窠图案构图形式极其相近,纺织品中滴珠窠也有内外宽窄多层边框,内饰细密图案。湖南出土的金发簪,曲边滴珠窠外形,窠内装饰的莲荷纹、麒麟与滴珠窠行鹿纹锦中的窠外形、窠内鹿纹装饰形象相近,滴珠窠鹿纹在金代玉雕配件中也有出现,表明游牧民族在工艺品创作时常以中原成熟装饰题材为摹本,加入民族熟悉题材进行变化。

② 滴珠窠具有吉祥寓意。滴珠窠与金帔坠装饰形象相近,金帔坠是北宋时期特赐命妇霞帔底端的坠子,《宋史·舆服志》载南宋时后妃常服为"大袖、生色领、长裙、霞帔、玉坠子,背子、生色领皆用绛罗,盖与臣下不异。"说明宋时霞帔作为女性礼服非常普遍,普通命妇与皇后皇妃亦无区别。

《金史·舆服志》载":五品以上官母、妻,许披霞帔。"也间接说明霞帔下面滴珠形坠子已流行于中原及北方游牧民族中,是高贵身份的象征,这一点在南宋时期出土的帔坠上有明显体现,如江西德安南宋墓出土了银鎏金帔坠,福州南宋端平二年墓出土银鎏金帔坠,在滴珠形坠子宽边内装饰左右对称卷草纹,上嵌"转官"二字,下饰如钱币的绣球纹,另德安出土的帔坠上饰"寿字",以及上海宝山区月浦乡谭氏夫妇墓出土的荷花、绣球、交颈鸳鸯组成的满池娇等银鎏金帔坠,题材都是升官、发财、夫妻和睦等吉祥寓意。因此可以推测元代织物中装饰兔、鹿、莲花等纹样的滴珠窠是对宋、金或者在北方游牧民族中已普遍熟悉的滴珠形帔坠造型的模仿,用以表现人们所期望的吉祥愿望。滴珠窠多为织金锦也表明这种图案的织物非常贵重,所以在御容像中可以看到就算皇族贵妇滴珠窠的织金锦也仅在领缘显眼的地方小面积使用。

　　③ 滴珠窠源于中原装饰构图造型。滴珠窠在元代纺织品中主要应用于鹿纹、兔纹装饰中,由于鹿、兔纹有部分纹样是表现游牧文化的"秋山"题材,并且滴珠窠上尖下圆的水滴形与西方流行的佩利斯(Pasily)纹样(中国俗称"火腿纹")有些相似,因此也有人认为滴珠窠源于西域构图形式。探寻佩利斯纹样最早诞生于古巴比伦,兴盛于波斯和印度,直至18世纪拿破仑远征埃及途中把佩利斯纹样的克什米尔披肩带回法国巴黎后,随即风靡整个欧洲上流社会,因此欧洲流行佩利斯纹样晚于元代(图4-23、图4-24)。比较佩利斯纹与滴珠窠虽然都一头尖一头圆,但是两者造型区别也很大,滴珠窠偏短,造型浑圆,佩利斯纹偏瘦长,顶端还弯向一边形成一勾,形态灵动。滴珠窠形与佩利斯纹以及元代金银器中的帔坠和金簪形象比较,滴珠窠应主要源于中原装饰构图造型。

图4-23　佩利斯纹样

图4-24　伊斯兰教插画故事中穿佩利斯纹服装形象

三、云肩纹

　　云肩纹是元代独具特色的装饰图案之一,在服饰上主要用于装饰肩部,云肩纹的造型形似四出如意形"开光",内部再装饰细密的植物或动物纹样。对于云肩纹的研究,有学者认为源于服饰,也有观点认为源于建筑;从文化角度分析,有认为来源于汉民族文化,也有观点认为受伊斯兰教的影响。本书以目前所见元代纺织品云肩纹实物,并结合文献资料进行分析。

　　肩部的装饰纹样早期应用源于实用功能,据载秦已有用于肩部遮风避寒的披帛。《古今事物考》云:"三代无帛说,秦有披帛;以缣帛为之;汉即以罗;晋永嘉中制绛晕子;开元中,令王妃以下通服之。是披帛始于秦,始于晋也。"[1]这种系于肩部的披帛适合北方游牧民族用于遮风避寒,因此可推断早期披帛主要是由于其实用价值而被北方民族所喜爱,随着游牧贵族取得政权安定下来后,披帛也由实用功能转化为装饰功能了。文献记载云肩最早时期在《金史》卷四十三,第二十四舆服志(上):"宗室及外戚并一品命妇……若曾经宣赐銮舆服御,日月云肩,龙纹黄服、五个鞘眼之鞍皆须更改。"同时期金人张瑀所画《文姬归汉图》中文姬颈项间围有四垂云肩可了解当时云肩使用情况,

[1]　王三聘. 古今事物考[M]. 上海:上海书店,1987:126.

与半袖直领袍服分离的单独颈部服饰,样式推断可为套头或后开口系带,其功能类似于如今人们冬日外出所戴的围脖,起到遮挡领口进风的作用。元代服饰制度沿袭金代,《元史·舆服志》载:"元初立国,庶事草创,冠服车舆,并从旧俗。世祖混一天下,近取金、宋、远法汉、唐。"[1]据《元史·舆服志》记载仪卫服色,云:"云肩,制如四垂云,青缘,黄罗五色,嵌金为之。"明确指出云肩的造型应由四垂云构成,功能上必定更强调其装饰性。元代贵族服饰质孙服肩部常装饰云肩纹,这在绘画作品中也能看出一二,如:《元世祖出猎图》中可以看到多位马背上的贵族穿着的长袍装饰有云肩纹样。蒙古国苏赫巴托省发现的蒙古帝国时代的石人雕像,在其肩部亦饰有云肩纹的轮廓。从出土元代服饰实物上我们看到了云肩向纯装饰性的转化,如吉美博物馆藏穿云肩纹样服饰塑像(图4-25),云肩简洁概括到伊斯兰教细密画中的华人形象(图4-26),服饰肩部的云肩纹更多细节变化。

图4-25　元穿云肩纹样服饰塑像(吉美博物馆藏)

图4-26　伊斯兰教细密画中穿云肩的华人

(一)元代纺织品中云肩纹形象

云肩纹造型特征是在肩部以领口为中心,向外发射四块如意形团窠纹样,纹样外边用粗细两条边勾勒如意形轮廓线,内部填充纹样。

1. 暗花织金绫云肩宽摆袍[2]

右衽交领袍服的肩部用织成手法表现云龙四出云肩纹(图4-27),根据中国丝绸博物馆提供的数据后背云肩大小为长94厘米,宽35厘米。袍服背部为两块面料拼缝,因此背部中间纹样不完整,俯视如四蒂花造型。

图4-27　元暗花织金绫云肩宽摆袍肩部
(私人收藏)

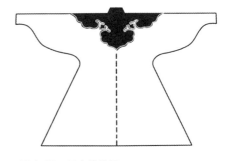

图4-28　云肩线描图

[1]　赵丰,金琳.黄金·丝绸·青花瓷:马可·波罗时代的时尚艺术[M].香港:艺纱堂(服饰)出版社,2005:56.
[2]　赵丰,金琳.黄金.丝绸.青花瓷:马可.波罗时代的时尚艺术[M].香港:艺纱堂(服饰)出版社,2005:60.

2. 佛衣披肩

北京故宫博物院藏元代织金锦佛衣披肩外形为前后两片如意云纹（图4-29），前片中间破开系带，如意形内主体纹饰为龙、凤，外圈如意形连弧内为龟背辅纹。

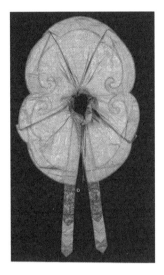

图4-29　元代织金锦佛衣披肩（故宫博物院藏）

3. 缂丝玉兔云肩残片[1]

图4-30纺织品为袍服左肩部分残片，纹样为卷草形云肩轮廓内装饰满地折枝牡丹花、花叶及花蕾，残片正中为桂树下一玉兔捣药图案，云肩外装饰有莲花纹、如意灵芝云纹、火焰珠及龙纹。

图4-30　元缂丝玉兔云肩残片（Rossi&Rossi Ltd 收藏）

4. 缂丝鸾凤云肩鹿纹肩襕残片[2]

残片由两块组成，根据部分云肩轮廓复原云肩造型（图4-31、图4-32）。云肩内装饰凤穿牡丹主题纹饰及婴戏莲纹，云肩外装饰缠枝花及鹿纹。

[1]　赵丰,金琳.黄金·丝绸·青花瓷:马可·波罗时代的时尚艺术[M].香港:艺纱堂(服饰)出版社,2005:48.
[2]　赵丰,金琳.黄金·丝绸·青花瓷:马可·波罗时代的时尚艺术[M].香港:艺纱堂(服饰)出版社,2005:49.

图 4-31　元缂丝鸾凤云肩鹿纹肩襕残片

图 4-32　元缂丝鸾凤云肩鹿纹肩襕拼接
效果图（Rossi&Rossi Ltd 收藏）

　　云肩纹除了出现于纺织品装饰中外，也是元青花瓷重要装饰题材。由于织物不宜保存，相比元青花中的云肩纹形象更为常见。元青花云肩纹与纺织品中的云肩纹装饰部位相同，纹样主要装饰于器物肩部，开光造型为四出三曲云肩纹（图 4-33、图 4-34）。元代对不同等级官员服饰纹样做了严格限制，所以工匠往往在器物上装饰高等级的纹样以显示制品的高贵，使得云肩纹成为元青花中的常见装饰纹样，因此也可以从目前元青花云肩纹推测当时刺绣云肩纹粉本形象。元代云肩开光流行的另一个原因则来自伊斯兰文化的影响，云肩装饰形象在伊斯兰风格建筑中出现频繁（图 4-35、图4-36），而元代伊斯兰教织工参与织金锦的织造，对云肩形象的喜爱也必然会影响当时纺织品纹样形象。

图 4-33　元云肩牡丹纹

图 4-34　元云肩鸾鸟菊花纹

图 4-35　元清真寺伊兹内克瓷砖装饰

图 4-36　元伊斯兰教细密画中出现的建筑
装饰

（二）元代纺织品云肩纹构图形式

　　1. 十字形四瓣花组织形式

　　元代服饰上的云肩纹造型为四出如意垂云纹形（图4-37），即前胸、后背及两肩分别装饰一朵如意云，形成颈部周围一圈精细的装饰纹样，以点睛之笔突显服饰的华丽。其装饰部位与汉代流行的柿蒂纹有相似之处。李零在《"方华蔓长，名此曰昌"——为"柿蒂纹"正名》一文中认为四瓣花的柿蒂纹是"方华"表示四个方向的花的一种，应正名为方花纹。尚刚著《元代工艺美术史》中指出元青花云肩纹范本源于元帝王仪卫服用的云肩"制如四垂云"，但青花上常常简化为"三垂云"[1]，张明娣认为由四改为三是由于藏俗偏爱三这个数字。[2]而笔者认为"四垂云"不是指花瓣有四曲，而是指有前后左右四个方向各有一瓣。四瓣叶形纹的组织形式在战国时期的铜镜上已为常见纹饰（图4-38），著名的战国中山王墓出土的错金银四龙四凤方案上便饰有四瓣花形象，并且叶瓣蒂部已用双弧线构成如意形。如意四瓣叶对称结构便于绘制或制作而早已流行，此时的四瓣花纹内部没有过多的装饰细节，仅表明是叶片突出四瓣外轮廓剪影造型。器物上的四瓣叶轮廓形象（图4-39、图4-40）至唐代织物上的柿蒂纹成为主要纹样结构，更强调内部细节的装饰，有专家将此花形称为十字花。十字花结构在元代纺织品中继续使用，北京私人收藏的蒙古时期如意窠花卉纹锦（图4-41），其十字形如意外轮廓内饰细密的牡丹花，这种四瓣如意窠与云肩有着密切的联系，反映出运用于肩部装饰的云肩纹平面化发展。[3]

图4-37　元袍服云肩形制图

图4-38　汉铜镜装饰四瓣叶造型

图4-39　元云肩纹应用于青花瓷

图4-40　汉代器物装饰四瓣叶造型

---

［1］　尚刚.元代工艺美术史［M］.沈阳：辽宁教育出版社,1999：182.

［2］　吴明娣.汉藏工艺美术交流史［M］.北京：中国藏学出版社出版,2007：75.

［3］　Liu keyan，Analysis on the Cloud Shoulder Pattern of the Yuan Dynasty Fabrics：*Advanced Materials Research*，2013.

图4-41　蒙古时期如意窠花卉纹锦(私人收藏)

2. 如意云头造型

　　云肩纹主要构成元素为四个如意云头组合而成。早在商周青铜器上已有云雷纹,汉代已成为装饰主流纹样。现存唐代建筑南禅寺博风板上垂饰的"悬鱼"出现近似如意云纹造型。宋代如意形柿蒂纹开始广泛运用于建筑装饰,据《营造法式》记载,宋时的建筑装饰中柿蒂纹已完全程式化造型普遍运用于平綦图案,如意云头造型也成为建筑装饰中常用装饰元素,并且柿蒂纹与如意云头造型的结合成为固定造型模式进行运用,至明清时期如意云头的造型因其吉祥的寓意更广泛运用于器物、建筑、织物和壁画上。[1]如图4-42,4-43 明清家具上雕饰的如意云头纹,如意开光形内装饰花鸟题材组合吉祥寓意。

图4-42　明清家居中的云肩纹

图4-43　明清家居中的云肩纹

(二) 元代纺织品中云肩主要特征

　　① 元代袍服肩部四垂云形开光为云肩纹,其四瓣叶形组织结构可追溯到汉代的柿蒂纹,唐代四

[1]　Liu keyan, Analysis on the Cloud Shoulder Pattern of the Yuan Dynasty Fabrics: *Advanced Materials Research*, 2013.

瓣叶组织形式上开始强调纹样细节变化,发展为十字花成为织物中的常见纹样题材,至宋代柿蒂纹四瓣叶的组织形式与如意云头相结合运用于建筑装饰中,元代由服饰肩部的装饰纹样发展为织物上的四瓣如意窠造型。

②元代服饰肩部装饰的四垂云的云肩有一个实用性向装饰性发展过程,由如意云头柿蒂纹与北方游牧民族用于颈肩部遮挡风沙的"帛"相结合,发展成为强调服装肩部装饰的云肩纹运用于元代贵族服饰中。

③元代云肩形象的流行有多面因素,吉祥寓意的形象以及易于制作而受百姓喜爱,另一方面受伊斯兰文化影响,伊斯兰风格建筑装饰中常出现云肩纹,元代纺织品织造有信仰伊斯兰教的织工的参与,伊斯兰织工对云肩形象的喜爱也会促进云肩形象的流行。

四、胸背

元代纺织品实物中也发现了少量非常具有时代特色的胸背纹样。关于元代胸背在赵丰《蒙元胸背及其源流》一文中有非常详细地分析。胸背是补子的前期形象,两者既有联系又有区别。联系是两者都是装饰于胸前或背后的一块方形图案,两者的区别在于补子是按预先设计纹样织好或绣好再钉补到衣服上,而胸背是在织物上一次织成的纹样,不是两块织物。[1]蒙元时期的胸背以妆金工艺为主,少量采用销金,极少运用到刺绣,胸背实物中制造技术以织为主。在《通志条格》卷九《服色》条中最早记载"胸背"一词,元代胸背服用范围较广,不仅局限于官服,男装和女装常服都可服用。[2]结合内蒙古蓝旗羊群庙祭祀遗址出土汉白玉石雕人像装饰(图4-44),据考证其制作年代为1314—1358年间,石像虽头部残缺但其余部分保存较好,石像内穿窄袖贴里,外穿右衽搭护,搭护的前胸装饰布局规整的方形缠枝花卉纹,由九朵花头组成,仔细分辨花朵有蔷薇、荷花、菊花等数种品种,半侧面、正侧面及俯视多角度构成。人像背后图案由腰带分为上下两部分,上部与前胸装饰纹样相近为九朵缠枝花卉,下部装饰折枝牡丹,花叶间穿插不同牡丹形象,有盛开牡丹、半开牡丹及未开的花骨朵。构图形式与宋牡丹花扇面构图形式极为相近,石雕纹样或许是为了表现缂丝牡丹形象。石雕非常写实的再现了当时皇家礼仪服饰中胸背纹样的装饰使用情况。

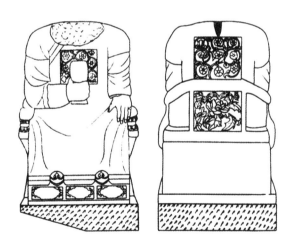

图4-44　元代石雕人像(内蒙古蓝旗羊群庙出土)

在目前发现不多的元代胸背实物中,最早有明确纪年的胸背,为山东邹城李裕庵墓出土的一件

---

[1]　赵丰.蒙元胸背及其源流.丝绸之路与元代艺术国际学术讨论会论文集[C].香港:艺纱堂服饰出版,2005:143.
[2]　赵丰.蒙元胸背及其源流.丝绸之路与元代艺术国际学术讨论会论文集[C].香港:艺纱堂服饰出版,2005:152.

袍服,墓葬年代是至正十年二月五日(1350年),袍胸前和后胸背纹样为"喜鹊闹梅",明确显示出中原文化乐于表现的吉祥寓意。由于胸背服用范围较广,所以装饰纹样的题材也较为广泛,如云龙纹、鹿纹、凤穿牡丹、缠枝或折枝花卉,飞鹰捕兔形象应为秋山纹样的表现及发展。胸背的构图形式主要在30厘米左右的矩形内组织适合纹样。据赵丰文中分析胸背纹样与颈部云肩纹样相配套,如果胸背纹样为凤穿牡丹,肩上的纹样也是凤穿花。虽然内蒙古蓝旗羊群庙汉白玉石雕的肩部与胸背题材并未相呼应,这或许正反映了胸背与云肩早期组合的形式,初期胸背与肩部纹样分别装饰、题材各异,之后开始注意胸背的装饰题材与肩部装饰题材相呼应,肩部装饰区域逐渐扩大,由三角形发展成为四出云肩造型。胸背由于与云肩连成一体所以纹样装饰题材统一(图4-45~图4-47)。

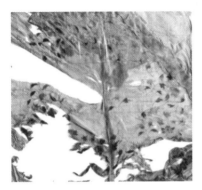

图4-45 元刺绣胸背(甘肃漳县汪氏家族墓出土,甘肃省博物馆藏)

图4-46 元刺绣胸背线描图(甘肃漳县汪氏家族墓出土,甘肃省博物馆藏)

图4-47 元印金罗短袖衫(中国丝绸博物馆藏)

第四节 元代纺织品的用色

元代纺织品中用色极为丰富,其用色直接体现了时代及民族特点,特别是对官服确定了不同季节、不同官品的服用颜色。《典章二十九·礼部卷之二·服色·贵贱服色等第》有载:"职官:一品二品服浑金,三品服金答子,四品五品云袖,六品七品六花,八九品四花,命妇:一品至三品服浑金,四品

---

[1] 元典章[M].北京:中国书店,1990:49.

五品服金答子,六品以下惟许服销金,并金纱答子,庶人:除不得服赭黄,惟许服暗花纶丝、丝纳、绫、罗、毛毳。"[1]这段文字表明元代对不同的官阶服用颜色有不同的规定。

一、纺织品流行色

(一)尚金

元代纺织品最突出的特点便是尚金,皇家盛宴文武百官身穿纳石失制作的质孙服便是用浑金缎,此外金段子也很受欢迎,可在民间生产。天子冕服、百官朝服、贵族的日常便服、妇礼服、罟罟冠饰、高僧的法衣等都用纳石失做衣料或局部装饰。特别是诈马宴上的质孙服,"诈马筵开醉绿醑,质孙盛服满宫廷。玉盘捧出君恩重,救赐功臣白海青。"描述了百官身穿质孙服的盛况,也说明了钠石失的需求量之大。此外在志费尼的《世界征服者史》中记载了旭烈兀西征时用纳石失制作营帐,"帐篷应由一匹有两面的织金料子制成……里和外在色彩和图案的严格对应方面"。[1]可见当时纳石失的使用面之广所需之巨。当时专为官府官员生产纳石失的有工部和将作院,工部的别失八里局和纳失失毛段二局均专为官员生产纳石失。专为后宫或贵族生产纳石失机构有属于之下的斡耳朵,如:为皇后所设的中政院,为太子所设的储政院,为太后所设的徽政院,徽政院下管辖的弘州、寻麻林纳失失局。

元代贵族尚金的原因离不开其游牧民族对贵金属的热爱,他们的生活方式是伴水而居,逐水草而不断迁徙,便于随身携带的贵金属对于他们才有意义,这种审美观念一直保留至今。另游牧民族战胜了经济文化较高的民族,内心的得意及显耀心理也是元代风靡织金锦的原因之一。据记载成吉思汗坐在阿勒泰山上,就曾发誓,要把妻妾媳女"从头到脚用织金衣服打扮起来",这种用金显耀的心理表露无遗。[2]因此,显示身份和地位象征的织金锦在追求权势的驱使下成为元代上下官员追逐的产品,被称为"黄金家族"。

(二)白色与青色

《元朝秘史》记载蒙古祖先"苍狼白鹿"的传说,"天生一个苍色(蓝色)的狼与一个惨白色的鹿"的儿子,影响元代具有尚青尚白的习俗,不仅蒙古族如此,在北方民族的原始宗教中都保留尚白传统,认为白色代表吉祥与善。马可·波罗在游记中写道,每逢新年,举国衣白,四方贡献白色织物、白色马匹,人们互赠白色礼物,以为祝福。《元史》记述元代帝王旌旗、仪仗、帷幕、衣物常为白色,在《大元毡罽工物记》中登录的白色毛织品种类繁多,用途广泛。[3]由于白色在中原文化中是丧葬礼仪的颜色,因此视为不祥。白色主要流行于辽、金旧地的北方,时间主要在元中期以前,元后期生产逐步减少,官方作坊只有镇江路织染局一家。[4]

青即蓝色,蓝色丝织物在当时也很流行,蓝色被视作是天的颜色,宫廷仪式及装裱字画都大批量使用到蓝色。靛蓝染蓝在我国使用历史较早,技术成熟,因此可以染出更丰富多样的蓝色。《碎金》中《彩色篇》记载的青色有佛头青、鸦青、粉青、蓝青。

(三)褐色

褐色在元代纺织品中也是常见的颜色之一,《碎金》中《彩色篇》记载的褐色有金茶褐、秋茶褐、酱茶褐、沉香褐、鹰背褐、砖褐、豆青褐、葱白褐、枯竹褐、珠子褐、迎霜褐、藕丝褐、茶绿褐、葡萄褐、油

[1] 志费尼.世界征服者史[M].北京:商务印书馆,2004:684.

[2] 尚刚.钠石失在中国[J].东南文化,2003(8):59.

[3] 尚刚.苍狼白鹿元青花[J].中国民族博览,1997(1):35.

[4] 尚刚.元代丝织物中的用色与图案[J].图案,1985(4):11.

[5] [元]陶宗仪.南村辍耕录[M].北京:中华书局,2004:131.

[6] 赵丰.蒙元胸背及其源流.丝绸之路与元代艺术国际学术讨论会论文集[C].香港:艺纱堂服饰出版,2005:153.

粟褐、檀褐、荆褐、艾褐、银褐、驼褐。数量之多可见使用之广,字面分析其中除了织物的颜色,还有来自建筑、家具等色相。在《辍耕录》卷十一《写像诀》中记录了二十种褐色。[5]在《至顺镇江志》中提及当地生产的胸背中大量使用褐色,"枯竹褐一百五十九,杆草褐六十三,鸦青六十六,驼褐三十,橡子竹褐三十。"[6]元代天子便服用褐色,小管吏及儒生学士的公服概以各种褐色丝绸缝制,在元代中期褐色成为人们主要服用之色,庆元路织染局到元后期生产量还在上升。究其原因可能是褐色耐脏,也没有黑色具有恶的寓意。另印染技术成熟,在宋代褐色已是人们喜爱的服用之色。

(四)红色

红色在元代是仅为少数官僚与僧俗才有资格使用之色,禁止民间使用的颜色有"鸡冠紫、红白闪色、木红、胭脂红"。红色是血的颜色,是生命的象征,被不同地域的原始宗教所崇拜,蒙古族早期信仰萨满教,其教义拜火,因此元代贵红色或许源于此。《碎金》中《彩色篇》记载的红色有:大红、桃红、脂红、肉红、勃罗红、落叶红、枣红、乌红、梅红。

(五)绿色

绿色在元代纺织品中使用也很多,分为天水碧、柳芳绿、鹦哥绿、官绿、鸭绿、麦绿等。绿色的流行因素较广,一方面,如许多专家提出的受伊斯兰教的影响。另一方面,江南水乡绿茵如画的怡人景色也是绿色流行的影响因素。如宋、元时期流行的青绿山水,元代流行满池娇题材也非常适合用绿色来表现。因此绿色清新怡人的自然本色,以及汉文化的影响也是其流行的因素(图4-48)。

图4-48 元褐地绿瓣窠两色锦(河北隆化鸽子洞出土)

(六)《碎金》中《彩色篇》的部分色彩描述

根据《碎金》中记载的织物色彩名称,可以感受到当时服用色彩之丰富,以及印染技术的成熟,能够表现出色彩的细微区别,如:青色系和褐色系就有十至十一个名称。

红:大红、桃红、脂红、肉红、勃罗红、落叶红、枣红、乌红、梅红;

青:佛头青、鸦青、粉青、蓝青、天水碧、柳芳绿、鹦哥绿、官绿、鸭绿、麦绿;

皂:香皂、生皂、熟皂、不肯皂;

黄:赭黄、杏黄、栀黄、柿黄、鹅黄、姜黄;

白:月下白;

紫:真紫、鸡冠紫;

褐:金茶褐、秋茶褐、酱茶褐、沉香褐、鹰背褐、砖褐、豆青褐、葱白褐、枯竹褐、珠子褐、迎霜褐、藕丝褐、茶绿褐、葡萄褐、油粟褐、檀褐、荆褐、艾褐、银褐、驼褐。

绯紫:黵绯、熏绛、碾光、乾色、熟白、作白、出白、家练、琢色、晕色、彩色、间色。

二、配色

元代纺织品中用色除了流行用金,还尚青尚白,质孙服的一色衣也非常具有时代特色,通过色彩搭配面料体现出大体有两种视觉效果,一种通过同类色搭配强化某一色彩效果;另一种为对比色运用以凸显主题纹样。

(一)同类色

现发现元代纺织品纳石失制作的服饰由于年代久远色彩远没有当初的艳丽,但混金缎当初华美的视觉效果仍能所见所感。纳石失虽原为中亚产物,之前通过贡品传入到中国,蒙古贵族建立政权后便收罗工匠开始组织织造纳石失以满足奢华生活所需,蒙古贵族经常举办"质孙宴",也称"诈马宴"。《元史·舆服志一》:"质孙,汉言一色服也,内庭大宴则服之。冬夏之服不同,然无定制。凡戚大臣近侍,赐则服之。下至于乐工卫士,皆有其服。精粗之制,上下之别,虽不同,总谓之质孙云。"此宴会要求从皇帝、大臣、乐师等级不同均穿同一色彩的一色服装,这种一色服按当时内府定制,质孙服应用纳石失。《元史》卷七八《舆服志冕服》载:"天子质孙,冬之服凡十有一等,服纳石失、金锦也。怯绵里(剪绒也)。则冠金锦暖帽。服大红、桃红、紫、蓝、绿宝里(宝里,服之有襕者也)。则冠七宝重顶冠。服红、黄粉皮,则冠金答子暖帽。服白粉皮,则冠白金答子暖帽。服银鼠,则冠银鼠暖帽,其上并加银鼠比肩(俗称日襻子答忽)。夏之服凡十有五等,服答纳石失,缀大珠于金锦。则冠宝顶金凤钹笠。服速不都纳石失,缀小珠于金锦,则冠珠子卷云冠。服纳石失,则帽如之。服大红珠宝里红毛子答纳,则冠珠缘边钹笠。服白毛子金丝宝里,则冠白藤宝里帽。服驼褐毛子,则帽亦如之。服大红、绿、蓝、银褐、枣褐、金绣龙五色罗,则冠金凤顶笠,各随其服之色。服金龙青罗,则冠金凤顶漆纱冠。服珠子褐七宝龙答子,则冠黄牙忽宝贝珠子带后檐帽。服青速夫金丝阑子,速夫,回回毛布之精者也。则冠七宝漆纱带后檐帽。百官质孙,冬之服凡九等,大红纳石失一,大红怯绵里一,大红官素一,桃红、蓝、绿官素各一,紫、黄、鸦青各一。夏之服凡十有四等,素纳石失一,聚线宝里纳石失一,枣褐浑金间丝蛤珠一,大红官素带宝里,大红明珠答子一,桃红、蓝、绿、银褐各一,高丽鸦青云袖罗一,驼褐、茜红、白毛子各一,鸦青官素带宝里。"

元代同类色的质孙服虽然所用面料色彩绚目,纹样精美,但色彩的魅力已远远大于纹样,特别是群臣服用一色的壮观景象,色彩的视觉冲击力令人难忘,这也反映在马可·波罗的回忆游记中。另在花纹较为简单的几何纹或小骨骼排列的纹样在色彩上采用同类色搭配的比较多,视觉效果统一协调。

(二)对比色

缂丝、刺绣织物中的颜色运用较为灵活多变,由于刺绣、缂丝费工费时,在色彩运用上常采用对比色凸显纹样的精美。纹样用色通过明度对比,如深地浅花或浅地深花表现;也有利用色相对比如绿地镶红边显示内部刺绣纹样。在织物中特别是纹样复杂、变化丰富的织物,色彩常运用对比色突出纹样的造型,织金锦中为了展现金的华美地色常用红色或深褐色等衬托织金效果。

第五章

元代纺织品纹样与其他工艺品装饰
纹样比较

　　元代多元文化背景下形成了具有多元文化特征的纺织品装饰纹样,也离不开同时期其他工艺美术品装饰题材的影响,纺织品有些纹样题材甚至是直接来源于其他工艺品的流行纹样。成吉思汗建立了元代政权,其子孙被称为"黄金家族",体现在元代工艺美术中金银饰物和元青花成为非常具有时代特色的工艺品种,因此元代青花瓷及金银饰品中的诸多装饰纹样,与元代纺织品中的装饰纹样之间存在可比性,下文将元代纺织品纹样与其他工艺品中的装饰纹样进行横向比较研究,以及与前后时期,如辽代、金代或明代装饰纹样进行纵向比较,以便更全面地理解元代纺织品中纹样造型特征及形成原因。

第一节　龙　纹

元代纺织品中的龙纹具有龙头偏长、龙脖细小，龙头与龙脖子连接处粗细对比强烈，及长吻的局部造型特征。纺织品中龙纹形象特征的形成是受何因素影响，是否还存在于其他工艺品龙纹形象中，以及对后世的影响需要进一步比较研究。

一、龙的姿态

元代纺织品中的龙纹形态有升龙、降龙、行龙三种姿态。

1. 升龙

升龙为龙头在上，龙尾在下，腹部呈 S 形拱起（表5-1）。在元代出土纺织品及元代青花瓷中出现的升龙都具有此造型特征，如河北隆化鸽子洞出土菱格万字龙纹花绫、土耳其托普卡泊博物馆藏云龙纹四系扁瓶。元代升龙造型对比金代、辽代升龙形象，如黑龙江阿城齐国王墓出土的印金罗升龙搭子纹，升龙造型特征与元代纺织品中的升龙造型极为相近，腹部呈 S 形拱起，足踏三朵如意云，也表明升龙呈 S 形拱起的形象特征在金代之前已形成，并已在游牧民族中盛行。辽上京遗址出土瓦当升龙形象，虽然龙纹细节已模糊不清，但升龙 S 形体型特征明显，并长有一对上扬的翅膀，整体形态又不同于长有双翅的摩羯鱼，表明了辽代由于文化的差异及概念的模糊，在使用中原文化题材的装饰纹样过程中经过再创造，出现了新的形象特征。[1]

表5-1　升龙形象比较

元菱格万字龙纹花绫（河北隆化鸽子洞出土）

金龙纹印金罗（黑龙江阿城齐国王墓出土）

元云龙纹四系扁瓶（土耳其托普卡泊博物馆藏）

辽龙纹瓦当（辽上京遗址出土）

[1]　刘珂艳,元代纺织品中龙纹的形象特征[J],丝绸,2014(8):70-74.

2. 降龙

元代纺织品中龙纹团窠多以龙头在中部、尾部在上的降龙形象出现,团龙构图也是元代纺织品中龙纹最为常见的构图形式。通过不同时期的团龙形象比较,可归纳出团龙形象发展的脉络。

元代纺织品中的降龙团窠在唐代铜镜龙纹装饰中已现雏形,唐铜镜中降龙与后期降龙形象的区别在于龙的细节处理,主要体现在头、腹、爪。铜镜中龙头小、偏长,上唇明显上翘,颈部细长呈 S 形,相比之下腹部明显粗大,背脊有鳍,体态强劲有力。元代纺织品中龙四肢造型基本保留唐朝降龙姿势,两前肢一肢撑地,另一肢向前抬起,龙趾并拢朝向龙首,相比于唐代龙趾分开向前探去更有气势。两后肢在顶部分开。如图 5-1 唐蔓草龙凤纹银碗唐龙爪形如凤爪,骨节突出,指甲细长尖利。龙四周漂浮云气纹,云气纹形如飘带,此时云头还未形成如意型。据《唐大诏今集》记载:开元二年(714 年)七月赦令,禁天下造作锦绣、珠绳、供成、帖绢、二色绮、绫、罗作龙凤禽兽奇异文字及竖栏锦纹。表明唐代织物中龙纹形象已被广大民众所广泛使用,降龙姿势已确定,之后西夏、金、辽龙纹都以此降龙形象为基础。黑龙江阿城齐国王墓出土棕褐罗团云龙印金大口裤,织物用印金手法表现错排降龙团窠纹,双角向后,昂头吐舌,细脖,前爪探出,爪有三指,龙尾饶过头顶,龙周边由12 朵如意云头组成团窠。敦煌莫高窟有几个西夏洞窟在藻井、供养人服饰中也运用了大量龙纹形象,如 363、234、245 窟。西夏虽然创立了自己的文字,但西夏贵族崇尚汉文化,敦煌莫高窟109 窟所绘西夏土供养人像,如图 5-2 身着圆领龙袍,降龙团窠以 1/2 错排构图。莫高窟 363 窟西部藻井,主题为团龙,龙上吻窄长向下卷曲,三爪,用白线突出龙鳍。藻井四角有云气纹装饰。西夏降龙造型主要延用中原降龙形象,多三爪龙,也有四爪龙,突出特征为龙上吻长且向上或向下翻卷,在元代纺织品龙纹形象中也展现有此形象特征。辽代龙纹形象在不同工艺品中都为重要装饰题材,在织物中龙纹造型也较为多样。如辽橙色罗地刺绣联珠云龙(庆州白塔出土,为皇家供奉物品,长 79.2 厘米,宽 58.5 厘米,藏巴林右旗博物馆),平针绣法,三爪降龙造型的团龙图案,浅黄色线绣出龙鳍,龙上吻较短,口吐明珠,身边漂浮黄白相间的如意祥云,外圈由白色联珠纹勾边。辽代的龙纹既继承了唐代纹样装饰风格又有新的变化。元代纺织品中的降龙与元青花瓷中降龙造型极其相似,特别是龙头、爪的造型及动态,头与爪在圆形适合纹样中的位置关系,以及火焰珠的相关元素如出一辙,已形成造型模式化,可以推测当时画工、织工使用的为同一造型粉本样稿。

图5-1 唐蔓草龙凤纹银碗

图5-2 敦煌莫高窟 109 窟身着降龙团窠纹样的圆领龙袍,西夏王供养人

表5-2　降龙形象比较

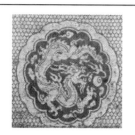		
元龟背地盘龙纹锦（故宫博物院藏）	金团龙纹织金锦	辽橙色罗地刺绣联珠云龙 （庆州白塔出土）

元龙纹深腹碗（首都博物馆藏）	敦煌245窟西夏藻井	辽盘龙铜镜

3. 行龙

元代纺织品中行龙表现技法有绘、绣手法，龙形刻画栩栩如生，与元青花中行龙造型相比较，其龙头扁长，龙身S形曲动幅度更大，腹部渐粗，龙爪有三趾、四趾。龙周边火焰飞腾，如龙云中游走，在织物绘制中借用飞舞的火焰纹表现龙的风云气势，并且与元青花行龙形象用笔极为相近。与宋代出现龙纹相比较，其还有许多形态特异的造型，如龙头造型近鸟类，而身体造型似长了四脚的蛇，有龙头似兽类，龙尾似鱼尾如龙鱼，或许正是宋代龙纹造型变化各异，至南宋龙型逐渐确定，并赋予皇室风范。南宋洪迈撰《容斋随笔》记载"戏龙罗唯供御服"，将龙规定为皇帝专用，但对于龙爪的使用规定还未细化，直到元代更进一步将龙爪趾数与身份相挂靠。游牧民族龙纹颈部细长与龙头形成对比的造型特征，在宋代龙纹造型中并不明显，宋代龙纹颈部较粗，头与颈过渡相对平缓。

表5-3　行龙形象比较

		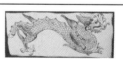
元青绘龙凤边饰（苏州博物馆藏）	元青花云龙纹带	宋石雕龙纹 （广东紫金县宋墓出土）

元龙纹玉壶春瓶 （日本大阪市立东洋陶瓷美术馆藏）	敦煌莫高窟西夏石窟	宋磁州窑黑花龙纹瓶

表 5-4　元青花龙纹龙头与龙颈关系

元青花龙纹	元青花龙纹瓷片

　　元青花龙纹与元纺织品上龙纹造型的共同特征:龙头造型偏小,细脖S形弯曲,蛇的造型感觉更强烈,张口吐舌,上颚较长,头顶鹿角,胡须鬃发飘扬。如表5-4所示,元青花中龙头与颈的关系感觉有蛇的造型视觉效果,龙背饰有排列整齐的鳍,龙身稍粗,飘舞的火焰肘毛,爪有三爪、四爪、五爪,并以三爪居多。龙动态有行龙、降龙还有回首龙。由于五爪龙作为元代帝王御用题材,促使三爪、四爪龙成为民间喜爱的题材。元青花中龙纹造型与元代纺织品中的龙形极为相似,这或许直接来自官方龙形粉本,仅对龙爪进行了变动。刘新园分析根据工艺美术史上的惯例,低廉材料的制作工匠为了使制品显得高贵,往往会模仿异质而同形的贵重工艺品。据此推断,刺绣工艺复杂视觉效果精美,其纹样可能成为瓷工模仿的对象。特别由于元代浮梁瓷局是当时唯一一所为皇室服务的瓷局,所以在当时以刺绣为中心的闽州一带窑口,如磁州窑或吉州窑的黑彩瓷器上反而没有出现近似刺绣的纹样。[1]

二、龙的组合

(一)双龙

　　元代纺织品中常出现的双龙组合形象在其他工艺品装饰及朝代也是非常流行的纹样。如:湖南株洲攸县丫桥金银器窖藏出土金海水蛟龙纹如意簪,蛟龙形象实为摩羯鱼与龙形的结合,龙身长有上翻的长吻及双翅。两昂首蛟龙翻腾于海浪之上,头长鹿角,上吻长,龙脖细S形弯曲,长有双翅,尾端顶有一颗火珠。玄应《一切经音义》卷五十六:蛟龙,"梵言宫毗罗,其状鱼身如蛇,尾有珠"。另《山海经》卷五云觊水多蛟,郭璞注:"似蛇而四脚,头小细颈,有白瘿,大者数十围,卵如一二石瓮,能吞人。"在元代织物中双龙戏珠的装饰造型也有左右对称构图,金银器中双龙虽采用对称构图,受工艺限制不易完全对称,所以龙姿态较织物双龙更加灵活。双龙戏珠应是皇家服用纹样,在当时纺织品中为常使用的纹样之一,所以民间金簪造型也有模仿,并在龙造型处理上做了一点小的改变,让龙身长有双翅。长沙市火把山出土金二龙戏珠纹帔坠,长9.5厘米,最宽处6.4厘米,重29克,滴珠形外轮廓内上下两只翻卷的舞动双龙,中间装饰火焰缠绕的宝珠。龙纹缠绕满地构图形成强烈的视觉冲击力。帔坠是命妇服饰配件之一,也是官阶的象征,这一金饰适合与滴珠窠内二龙戏珠相互缠绕造型,在金银器及织物中都有采用。金首饰作为贵重饰物既可能是直接由御用作坊选用皇家纹样制作而成,也可能由民间模仿皇家样式稍加改变,可间接反映出当时御用纹样形态。元代金首饰中出现的龙纹造型与元代纺织品中的龙纹造型相似,除了龙的形态相似,如龙头与龙脖子有明显的分界,龙上吻长等特征,在龙纹组合形态及题材上也有共同之处,既有左右对称的双龙戏珠造型,也有双龙与火焰纹相互缠绕在一起的造型,并且龙与明珠两者组合成为龙纹形象的固定搭配。双龙戏珠是当时龙的造型较为流行的题材之一,有如意丰足的含义,同时也有相互谦让的寓意。

　　金代双龙装饰纹样龙的形态非常具有特色,北京市文物研究所藏金代双龙镜,一升龙、一降龙共

---

[1]　刘新园.元青花特异纹饰和将作院所属浮梁瓷局与画局[J],景德镇陶瓷学院学报,1982(1):9-20.

戏宝珠。龙头更小,头顶有角,张嘴吐舌,龙头与龙脖子之间过渡自然,腹部粗壮前挺,肩腿部突起。另有金菱花铜镜中的双龙,头小、无角、吐舌,龙身粗壮,头与颈部连接平缓,形态近于蛇的造型,肩部结构简略,爪有三趾。

辽代纺织品中也出现非常多的双龙纹,如巴黎 AEDTA 中心和 Rossi & Rossi 画廊收藏黄罗地蹙金绣团龙袍,以一升龙与一降龙组成圆形团窠,双龙共戏一火焰珠,龙上颚厚而上翘,龙爪有三趾,龙鳍清晰。伦敦私人收藏团窠盘龙蹙金绣辽四经绞罗地盘金绣,双龙戏珠题材,双龙为一升龙一降龙,龙头偏小,团窠尺寸,高 33 厘米,宽 39 厘米。内蒙古阿鲁科尔沁旗耶律羽之墓出土辽水波纹地龙纹织锦,海水纹地中团窠内装饰双龙戏珠,双龙纹为升龙造型。相比较辽代纺织中团龙造型为龙纹较为重要的构型形式,团窠内的龙不论单龙或双龙龙头造型凸显上吻,龙爪三趾居多,并常伴有火焰珠。

表 5-5　双龙纹形象比较

元早期对龙对凤两色绫(伦敦斯宾克公司藏)	辽水波纹地龙纹(内蒙古阿鲁科尔沁旗耶律羽之墓出土)	元金海水蛟龙纹如意簪(湖南株洲攸县丫桥金银器窖藏出土)

辽团窠盘龙蹙金绣四经绞罗地盘金绣(伦敦私人收藏)	元双龙纹四系扁瓶(日本出光美术馆藏)	元金二龙戏珠纹帔坠(长沙市火把山出土)

敦煌莫高窟宋 400 窟藻井图案	金双龙镜(北京市文物研究所藏)	金双龙铜镜

(二) 龙凤

元代纺织品中龙凤组合形象(表 5-6)并不多,在其他工艺品及游牧民族装饰纹样组合中也极为少见。

藏夏鲁寺兴建于 11 世纪初,至 14 世纪扩建,时间段主要集中在元代。在一层的护法神殿绘有龙凤壁画,华盖下表现的是双龙戏珠、双凤戏珠题材,青龙在上,凤鸟在下,双龙头在上、尾在下形成升龙之势。龙头顶鹿角,目光炯炯,长吻上翘,张嘴吐舌,下颚及脑后都飘有须发,龙颈细 S 形弓曲,龙背有鳍齿状排列,爪五趾分开、造型尖利,龙肘飘出的带状火焰纹与龙鳍造型一样,为单边齿纹。左边的龙由于须发多于右边的龙,因此显得左边的龙似乎大于右边的龙。下方的双凤戏珠,同样也是左边的凤头冠翎大于右边的凤头冠翎,喙明显如鹰嘴下勾,右边的凤头神态显得更为秀美,颈部飘扬的羽毛多于左边的凤,双凤都平展双翅,尾羽同为单边齿纹的长条带状羽毛。夏鲁寺在建筑、绘画风格上均表现出汉藏文化交流特征,如表5-6这幅壁画中折射的汉族艺术题材龙在上凤在下,左边龙、凤大于右边龙、凤,透露出龙尊凤卑、龙凤同有雌雄概念。在敦煌莫高窟2窟西夏窟壁画中装饰龙凤纹,上部主题为凤穿牡丹纹,中间凤鸟为单只数根长条齿边尾羽造型,四周布满牡丹。下部装饰双龙,龙如兽形,反映当时龙凤组合形象较为多样。

表5-6　龙凤纹比较

藏夏鲁寺龙凤壁画	西夏千佛洞2窟龙凤纹

（三）多龙

　　元代纺织品中出现的多龙缠绕盘旋组合形象,在其他游牧民族如辽代缂丝织物中也有运用,如缂金山龙,织物精美,题材为龙飞舞于云海环绕间,残存部分龙身麟片刻画清晰,龙爪四趾(图5-3)。缂丝中龙在云气纹中翻腾盘绕的满地构图也出现在元代缂丝龙纹中,缠绕满地构图缂丝龙纹,其精美的视觉效果备受游牧民族贵族喜爱,特别是群龙缠绕飞舞的壮观景象展现贵族气概,缂丝工艺制作的群龙缠绕盘旋构图织物应多用于欣赏陈设用的工艺品。

图5-3　辽缂金山龙

三、龙的形象

　　龙纹虽然源于中原文化,周边游牧民族在与汉文化的接触过程中逐渐熟悉龙的造型特征,特别是龙作为天子的象征享有着至高无上的皇权,游牧民族统治者必定更希望一统中原,从心态上也更希望强化政权的正统及唯一性,游牧民族政权装饰纹样中龙纹占有显著地位。游牧民族龙纹造型在基本沿袭中原龙纹造型的形态下逐渐加入了自己民族文化,如宗教信仰及图腾崇拜等文化的影响,比较辽代铜镜中龙纹造型与西域各民族交流频繁的唐代龙纹造型两者极为相近,西夏、金、元代龙纹造型特征相似点,游牧民族的龙型普遍具有上吻长,龙头小,龙脖子S形,龙身上部呈蛇形的造型特征,表明游牧民族在吸收中原文化过程中,都有一共通的文化背景认同龙的这些造型特征。

通过不同工艺品中龙纹龙头局部比较,可以发现龙头造型自唐代已基本定型,头型扁长、上吻凸显,头顶长鹿角,龙颈脖较细呈S形与龙头连接处有龙须飘动。金、辽时期的龙头更小,蛇的形象特征更明显。

表5-7 龙头造型比较

元织物龙头	元青花龙头	辽龙头
	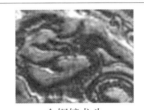	
唐铜碗龙头	金铜镜龙头	辽铜镜龙头

龙爪在元代明确脚趾数使用规定,民间不得使用五爪龙,龙爪必定已形成了规范的造型特征,实物形象也能直观看到三趾、五趾龙爪具有尖利的指甲与遍布鳞甲骨节突出的造型特征。元代确定五爪龙民间不得使用,不仅因为爪为五趾才健全无缺,另也有观点认为与五方观念有关,早在汉代西部地区尼雅出土了织有"五星出东方利中国"文字的织物,五爪龙的五方概念可能与希望一统中原的蒙元贵族有一定联系,但主要上有所好,下必效焉,龙为皇权象征,下臣为了体现身份尊贵,又要与皇上有尊卑之分,只好在龙爪上局部区别。

表5-8 龙爪造型

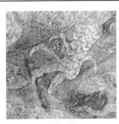		
元织物	元青花	西夏石雕

四、佛教对龙纹的影响

元代多种工艺品中游牧民族装饰龙纹形象具有共性造型特征:头部偏小,龙唇上吻较长上翻,颈部细长多呈S形,整体形态似蛇的造型特征。形成这些造型特征应该有相似的文化背景与宗教信仰有关。

（一）似蛇

印度的古蛇崇拜认为龙是住在地下的蛇精，之后印度文化一直保留对蛇的崇拜，印度佛教中龙的形象都表现为蛇，龙与蛇的关系在印度公元前2世纪左右建造的桑奇2号塔中亦有表现，在用图像表现龙王这一身份时，龙王便为五头蛇的形象，在扬之水《读图：在桑奇（三）》一文中便论证了桑奇2号塔栏楯浮雕刻有五头分张的蛇王或曰龙王之"真身"。新疆克孜尔石窟第80窟王室券顶左侧"龙王护佛"图中，龙王同样也是头上五蛇分张的样子，所以这也是为什么游牧民族所表现的龙的形象统一具有龙头和颈部都较细小，龙身细长兼具蛇的造型特点的原因。目前在杭州灵隐寺飞来峰上元代石雕龙王的形象也是用蛇头标示其身份，元代佛教特别是藏传佛教受到贵族的推崇，因此佛教中龙王形象具有蛇的造型特征是情理之中的。

对蛇的崇拜除了印度佛教，萨满教也崇拜蛇，认为蛇是开天辟地唯一能沟通海、陆、天、地的大神，是主宰天和水的伟大太阳蛇"幕度尔"。蛇是创世大神阿布卡赫赫的头发，也是她的卫士，可见蛇在萨满教众神中享有很高的地位，是萨满教中不可缺少的一个神。[1] 游牧民族信仰萨满教时间久远分布地域广，成为游牧民族文化发展的基础。因此元代纺织品龙纹似蛇造型特点在其他游牧民族政权统治时期的装饰龙纹中同样具有，是因崇拜蛇的萨满教为游牧民族之间共同的文化根基，以及元代对藏传佛教的信仰有关。[2]

（二）长吻

龙上吻长的特征，屈志仁先生曾谓此造型当与印度之摩羯鱼有关，郭物曾言以翻唇为主要特点的神兽可追溯到内蒙古东南部新石器文化中，可能是猪头和猪嘴的形象（表5-9）。本人较倾向于龙的长吻源于摩羯鱼的造型，摩羯鱼的特征便是长吻，唐朝时期摩羯鱼常与凤鸟组合出现，之后摩羯鱼的形象逐渐被龙所代替，成为龙与凤鸟组合的形式。元代纺织品中有摩羯鱼与凤鸟组合及龙与凤鸟组合同时并存，应是龙、摩羯鱼交替使用时期。

表5-9　吉美博物馆藏公元9世纪末至10世纪初吴哥窟巴肯寺装饰摩羯鱼

通过元代不同工艺品种龙纹形象的横向比较，以及与其他游牧民族龙纹造型的纵向比较，发现元代纺织品中团龙、行龙造型，以及双龙戏珠等装饰题材在元代其他工艺品中也有运用，并同样流行于辽、金等游牧民族时期，这些龙的造型发展应源于唐代龙纹造型并被延续下来。元代虽然有不同民族信仰的纺织工匠，但在表现龙纹这一代表天子形象的纹样时，整体上继续延用唐朝中原服饰中龙纹的造型形态，只是在头部等局部造型中加入自己民族宗教信仰的元素，龙作为中原文化形象代表非常稳定的在游牧民族纺织品装饰中延续传承。

---

［1］　张正旭.浅析辽代文物上的龙凤纹饰[M]，宋史研究论丛（第十一辑），石家庄：河北大学出版社，2010：311.

［2］　刘珂艳，元代纺织品中龙纹的形象特征[J].丝绸，2014（8）：70-74.

第二节　凤　　纹

元代纺织品中凤纹最主要的特征在尾部羽毛,凤鸟尾羽有两种造型:一种为三至四根单边齿状长条形羽毛,齿边有时如火焰或呈半圆形;另一种造型为一根辗转往复的卷草纹。其中三至四根单边齿状长条形尾羽造型的凤鸟出现更频繁,凤鸟多与缠枝牡丹纹组合使用,也与其他祥瑞组合,如龙、摩羯鱼。元纺织品中凤嘴造型具有明显的鹰嘴特征,卷草凤尾凤鸟头部具有飘舞的冠翎、圆瞪双目,鹰嘴造型更显凶猛。凤鸟两种尾羽造型肯定是为表现一只雌一只雄,需进一步比较分析确定。

一、凤的姿态

表5-10　凤纹形象比较

	元纺织品	元青花	元金首饰	辽金首饰	辽纺织品
闭嘴凤头					
张嘴凤头					
双翅					
长条齿边凤尾					
卷草凤尾					

表5-11　辽代凤嘴似鹰造型

| 辽公主银鎏金高翅冠(内蒙古文物考古研究所藏) | 辽银鎏金双凤纹盘(内蒙古阿鲁科尔沁旗耶律羽之墓出土,内蒙古文物考古研究所藏) | 辽彩绘障泥(内蒙古阿鲁科尔沁旗陈国公主墓出土,内蒙古文物考古研究所藏) |

127

如表5-10,元代纺织品中凤鸟头部造型有两类:一类头部更加凶狠,强调鹰形特征,主要集中在眼部和嘴部,眼睛瞪圆有神,嘴上喙厚实,鼻根拱起,嘴尖下勾;另一类鹰形象特征有所弱化,体现在眼睛刻画不明显,面部偏小,嘴上喙拱起下勾,但上喙厚度略薄,鼻根部没有凸起,视觉上形象更加轻盈而不是凶狠。第二类造型在元代金银器凤鸟形象及元青花凤鸟形象中均有体现,特别是元青花装饰凤鸟,专家分析凤鸟头部形象似鹦鹉造型,元青花重要制作产地景德镇,地处汉文化腹地,因此凤鸟形象加入更多汉文化形象特征,凤鸟头部鹰的形象有所减弱,头部羽毛飞扬强调飘逸感。元代纺织品中两类凤鸟形象源自两种不同文化影响,凤头鹰形特征弱化源自汉文化。强化凤头鹰形特征源自游牧民族文化。相比之下,辽代凤鸟嘴部似鹰造型特征更加明显,上喙夸张厚实,具有力量感,鼻根拱起。如表5-11,沿袭唐代装饰特征的辽代游牧民族,在凤鸟形象中加入了更多的民族文化因素,强调了鹰的形象特征,这个形象特征发展至元代凤鸟形象装饰中仍有保留,但元代又有新的发展,由于受中原传统凤鸟装饰形象的影响,元代凤鸟更强调头部羽毛的飘逸感,仍然保留辽代凤嘴上喙偏厚下勾的鹰嘴特征,但不及辽代鹰嘴形象厚实更有力量感。因此元代凤鸟头部造型及嘴部似鹰的造型特征延续辽代凤鸟头部似鹰特征,应是源自游牧民族文化影响。[1]

二、凤的组合

(一) 单凤

元代纺织品中单凤形象以数根长条齿边尾羽凤鸟为主,且出现频率并不高,单凤形象较少反映在其他工艺品装饰中,如元金银器首饰中凤鸟形象很受女性喜爱,但多为双凤或与其他祥瑞组合出现(表5-12)。湖南临澧新合元代窖藏出土金凤钗,祥云之上有只展翅舞动的凤鸟,头顶一撮冠翎,颈部及脑后有飘舞的长羽,上喙肥厚,长颈弯向左侧衔住翅膀,右脚抬起,尾部羽毛为三根齿边长羽,凤鸟造型非常健劲雄俊。湖南张家界元代金银器窖藏凤钗,凤鸟造型为展翅腾飞,姿态飘逸秀美,头顶冠翎,嘴衔颈部飘羽,尾部羽毛为一枝折枝花。虽然凤钗纹样为单凤,但使用时应左右成对佩戴,当时百姓佩戴凤钗还是以成双入对组合为主。元青花瓷中单凤形象,凤鸟展翅飞舞于花草中,长条齿边尾羽单凤与卷草尾羽单凤形象都有出现。长条齿边尾羽凤鸟构图及花卉形象都源于中原花鸟画表现手法,首都博物馆藏凤首扁壶中的凤鸟形象便是卷草火焰尾羽,周边穿插缠枝牡丹。扁壶是游牧民族特有的生活用具,材料主要用兽皮制成,青花瓷扁壶体现了游牧文化的影响,也表明卷草尾羽凤鸟形为游牧文化所偏爱。

表5-12 单凤形象比较

元金凤钗(湖南临澧新合元代窖藏)

元金凤钗局部(湖南临澧新合元代窖藏)

---

[1] 刘珂艳,元代纺织品中凤鸟鹰嘴造型特征[J].装饰,2014(11):76-77.

续表

 元金凤钗(湖南张家界元代金银器窖藏)	 元金凤钗局部(湖南张家界元代金银器窖藏)
 元凤凰蕉菊纹大盘局部(伊朗巴斯坦国家博物馆藏)	 元蕉石牡丹纹大盘局部(伊朗巴斯坦国家博物馆藏)
 凤首扁壶(首都博物馆藏)	 凤凰蕉石纹大盘局部(土耳其托普卡伯博物馆藏)

(二)双凤

　　双凤是元代凤鸟常见的组合形象,有左右对称和"喜相逢"式两种构图形式,"喜相逢"式构图双凤尾羽有两种造型以区别雌雄,左右对称构图双凤尾羽造型一致,同为长条尾羽造型。

　　如表5-13,元青花中双凤多为"喜相逢"式构图,即凤鸟两首相呼应,身体和凤尾向相反方向旋转,此构图易于青花手绘表达。元青花中双凤如同元代纺织品,也有两种造型尾羽以表现雌雄组合:一种为三至四根单边齿状长条形羽毛,齿边有时如火焰、有时呈半圆形;另一种造型为一根或两根辗转往复的卷草纹。青花瓷中尾羽相同的双凤多为鸾鸟,即尾羽为两根外卷的长条羽毛,鸟体型较小。刘新园撰写的文章《元青花花纹与其相关技艺的研究》中指出凤凰成双出现的上者为凤,下者为凰,但文中并未详细分析具体造型为何上者为凤,下者为凰。

　　元代双凤尾羽两种造型的形象还出现在雕刻及绘画装饰中,林梅村撰写的《元宫廷石雕艺术·上》分析了现存元代宫廷石雕的题材及造型特征,认为元代石雕纹样主要以纺织品图案为粉本,文中发表的北京西城区桦皮厂胡同北口稍东发现的元大都福寿兴元观遗址出土建筑构建,有一块鸾凤汉白玉饰板,在中心四瓣形开光内装饰"喜相逢"式双凤戏火焰珠,双凤周围布满缠枝花草。虽然凤眼已被磨平,但仍能感受双凤回眸顾盼的眼神交流。凤鸟的头、嘴及尾部造型特征与织物中的凤鸟造型如出一辙,也具有厚实的上喙、颈部飘舞的羽毛,只是头顶的如意冠翎比例较小,凤脖较短不够纤细,平展双翅。位于上部的凤鸟颈部飘舞的羽毛略少,上下四绺,尾羽为一根左右对称翻卷的卷草纹,尾末端分出两支单边齿状的条羽。位于下部的凤鸟头顶两层冠翎,后脑及下颚飘舞数绺羽毛,尾部由五根单边齿纹的长条羽毛构成,羽毛末端排列整齐。安徽嘉山县板桥陇西恭献王李贞夫妇墓出土两枚玉凤凰,为元代之物,凤凰一枚大一枚小,型大玉佩尾羽为一枝折枝花应为雄凤,小的一枚尾部为两根外卷的长条羽毛应为雌凰。

元代绘画中也强调喜相逢式双凤的尾羽造型区别(图5-4、5-5),元代钱选(1235—1301)所画《杨贵妃上马图》描绘的是唐玄宗与他的宠妃杨玉环带领一队随从准备出游,唐玄宗骑"夜照白",神情坦然自若的回望爱妃挽扶着蹬凳上马的场景。整幅画中有两处描绘凤纹:一处为杨贵妃坐骑的马垫上绘有一只在蓝天白云间展翅遨游的赤凤,凤鸟头小,头顶冠翎,脖子较短飘出两绺羽毛,腹部圆润,尾巴为五根一边平滑一边呈齿状的细长羽毛。另一处是贵妃身后站立的两位宫女手持装饰双凤的障扇,扇柄将扇面分为左右两部分,分别绘制一正一反两只凤鸟。凤鸟头顶冠翎,眼珠圆瞪,嘴微张,上喙厚实上弓,嘴尖下钩;脖子较短,双翅平展,两只凤鸟尾巴造型明显不同,尾部在上的凤鸟尾羽由两根如意卷草纹组成,头在上,尾部在下的凤鸟,尾羽为五六根齿边细长条羽毛,纹样通过尾部羽毛造型不同区分雌与雄。不同艺术品中的双凤都有两种尾羽造型的处理,反映出元代社会一致认为凤鸟同时具有雌雄两种性别。这种处理手法在同是游牧民族的辽代双凤装饰中极少出现。

表 5-13　元代双凤形象比较

元凤凰虫草纹八棱开光梅瓶(日本松冈美术馆藏)

元凤凰纹八菱葫芦瓶腹部

元凤凰花卉纹菱口大盘局部(伊朗巴斯坦国家博物馆藏)

元凤穿牡丹纹刺绣(敦煌莫高窟北窟出土)

元青花凤凰纹

元青花凤凰纹局部

续表

| 元石刻双凤纹（广济寺） | 元玉凤凰（安徽嘉山县板桥陇西恭献王李贞夫妇墓出土） |

图 5-4　元 钱选《杨贵妃上马图》

图 5-5　元 钱选《杨贵妃上马图》局部凤鸟形象

　　契丹族建立的辽代装饰纹样更多沿袭唐代装饰造型,凤鸟形象在装饰纹样中占有重要地位,凤头形象凶猛,并且双凤形象特别多,构图既有左右对称也有喜相逢式构图,但双凤尾羽造型多一致,还未发现有两种尾羽的双凤处理手法,也可表明元代凤鸟具有雌雄的概念在辽代还未形成,在西夏、金的凤鸟装饰中也极为少见,应是元代受某种文化影响而形成的独特装饰形象。辽代金银器中,如梦蝶轩藏双凤戏珠纹透雕银冠饰,主题为双凤朝阳,停落枝头的双凤以左右对称构图。凤鸟头顶灵芝冠翎,头部如秃鹫呈长方形;鹰嘴上喙拱起夸张厚实,嘴尖下钩完全包裹下喙;眼睛瘦长,眼珠圆瞪突起;脸部有三撮羽毛装饰,一撮顺眼朝上扬,腮部一撮毛向下卷曲,中间一撮长长的飘向脑后,眼部羽毛装饰与元代格里芬及双头鸟眼部装饰形象相近;鸟脖 S 形弯曲,双翅平展,下腹有六根长羽一字排开,后拖着长长华丽的尾羽,羽毛聚拢,上部分为叶片形羽毛两两蹉跌排列,尾部末端是合拢的长条形羽毛,并衍生出两根藤蔓式的卷草纹;光芒四射的太阳中心饰有太极双鱼纹,展现了唐代道教对其的影响。梦蝶轩藏鎏金银额饰,此件银额饰纹样题材同样为双凤朝阳,双凤左右对称,徐徐降落之势,中间装饰云雾缭绕的太阳。凤鸟头顶灵芝冠翎,眼珠圆瞪突起仿佛透露出凶狠的目光;凤嘴张开口衔一朵祥云,鹰嘴形象上喙厚实夸张上拱,喙尖下钩;脸部装饰三撮羽毛,一撮向上扬,腮部一撮毛向下卷曲,中间一撮长长的飘向脑后;S 形鸟脖,双翅平展,生长五根长长随风飘舞的尾巴,每根尾羽一侧光滑,一侧曲折造型写实;朵朵灵芝如意祥云托举太阳,太阳中心饰有三瓣阴阳太极纹。整个凤鸟的造型显示出一种凶猛的禽鸟形象。

　　辽代纺织品中的双凤形象,如表 5-14 私人收藏钉金绣盘凤,以“喜相逢”的构图表现双凤戏珠,凤鸟头顶冠翎,双目圆瞪,如鹰嘴下勾,颈部飘起一绺长羽,平展双翅,双凤尾羽造型一样,生长层层包裹的卷草叶片形尾羽。此外,内蒙古阿鲁科尔沁旗耶律羽之墓出土旋转飞凤纹绫、回纹地团窠卷云双凤绫,及私人收藏钉金绣盘凤双凤,都采用喜相逢式团窠造型,两凤尾羽造型一致,均为层层包裹的卷草叶片形尾羽。

表5-14 辽代双凤形象比较

辽双凤戏珠纹透雕银冠饰(梦蝶轩藏)

辽鎏金银额饰(梦蝶轩藏)

辽钉金绣盘凤(私人收藏)

辽双凤纹织物(内蒙古
阿鲁科尔沁旗耶律羽之墓出土)

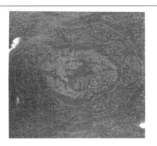

辽回纹地团窠卷云双凤绫(内蒙古
阿鲁科尔沁旗耶律羽之墓出土)

辽团窠卷云双凤绫(内蒙古
阿鲁科尔沁旗耶律羽之墓出土)

唐代纺织品中出现"喜相逢"式构图形象,在辽代、元代纺织品中成为双凤常见构图形式,之所以唐代出现"喜相逢"式构图是受当时花鸟画发展的影响。这种绘画风格的特征在元青花的绘制用笔中得以展现,青花瓷中的笔法健劲有力,气韵生动,一笔呵成。

通过以上元代不同工艺品中双凤形象比较,可以发现在"喜相逢"式构图的双凤纹中,尾羽主要采用两种造型以表现雌雄区别,仅少量"喜相逢"式构图双凤尾羽造型一致同为数根长条尾羽形象。辽代不同工艺品中出现较多双凤形象,但主要以唐代流行的左右对称构图为主,左右对称及"喜相逢"式构图双凤尾羽造型一致,形象为数根长条尾羽及唐朝流行的花叶形尾羽,因此通过两种尾羽造型区别雌雄形象在辽代并不明显,直至元代流行以两种尾羽造型区别凤鸟雌雄概念。

(三)凤与其他祥瑞组合

1. 凤与摩羯鱼组合

元代凤与摩羯鱼组合除在纺织品装饰中使用外,在金银器首饰中也有出现,如表5-15湖南临澧新合元代窖藏出土金摩羯托凤簪,凤鸟正侧面造型,脚踩一摩羯鱼,凤头顶冠翎,上喙肥厚,颈部弯曲,凤尾为三根单边齿纹长条羽毛。湖南沅陵元黄氏夫妇墓出土金摩羯托玉凤簪,金摩羯做托连接一只玉凤首,凤鸟头顶冠翎,上喙肥厚,颈部和后脑飘舞羽毛。

　　唐代流行摩羯鱼装饰,传说中的摩羯鱼与龙、凤鸟有着密切的关系,上海宝山区月浦乡南塘村宋墓出土银鎏金摩竭耳环,摩竭鱼已演变为鱼化龙传说。元代出现的摩羯鱼多与凤鸟组合装饰,摩竭鱼向上翻起的长鼻是其主要特征,并头顶长角。扬之水分析凤鸟、摩羯鱼连接如意簪有表达如意富贵之意。如表5-15元金银首饰中的凤鸟体型偏大,占据装饰主体,摩羯鱼则形态小巧多衬托凤鸟,其表明元代虽然流行凤鸟与摩羯鱼组合形象,但摩羯鱼形象已弱化,有逐渐为龙纹所代替之势。

表5-15　元代金钗中的凤与摩羯鱼

元金摩羯托凤簪 (湖南临澧新合元代窖藏)	元金摩羯托玉凤簪(湖南沅陵元黄氏夫妇墓出土)

　　2. 龙凤组合

　　元代龙凤组合形象较少,应直到明代才形成稳定的龙凤组合,并且组合中的凤鸟固定为数根长条齿边尾羽形象,其性别也定位为雌性身份(图5-6)。

图5-6　明代龙凤穿花纹

　　3. 凤与麒麟组合

　　元代凤鸟与麒麟组合形象主要出现于青花瓷及金银首饰中如表5-16,可能因元代纺织品实物有限,目前还未发现此组合纹样实物,但《元史》中记载禁民间服用麒麟纹样,间接说明元代纺织品纹样中运用了麒麟纹。参考辽代纺织品中出现凤鸟与麒麟组合形象,其纹样形象及构图与元青花、元金银首饰中的构图相近,可推测元代纺织品中所装饰凤与麒麟的组合形象。组合纹样构图以数根齿边尾羽凤鸟在云端飞舞,下部装饰回首奔跑的麒麟,麒麟头顶长角,面部如狮,毛发飘舞,四周满布缠枝花卉及云气纹。

表5-16　凤鸟麒麟组合形象

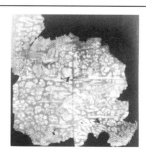		
辽罗地销金飞凤麒麟纹胸背（私人收藏）	元麒麟凤凰纹四系扁瓶	元金麒麟凤凰簪（湖南临澧新合窖藏）

三、凤的尾羽造型

元代纺织品中凤鸟尾羽造型非常有特点,有两种造型:数根长条齿边尾羽造型和单根卷草尾羽造型。两种造型分别表示凤鸟雌性与雄性之别。由于未见性别区分的具体形象描述文献,仅以目前实物形象组合进行分析。

（一）凤鸟数根长条尾羽

纺织品中出现的凤鸟为数根长条尾羽造型形象较多,如滴珠窠、团窠中的单凤纹样都为此尾羽造型凤鸟。并且此形尾羽凤鸟常与龙、摩羯鱼等其他祥瑞组合。长条尾羽一般在3至5根之间,仅在一边有齿边,有时齿边也会变化为半圆形。此形尾羽凤鸟也是我们如今凤鸟概念中的形象,由于长条尾羽凤鸟常与有明确雄性身份的龙、摩羯鱼以及其他祥瑞组合,因此将此形凤鸟身份推测为雌凰,特别发展至明清时期此形凤鸟与龙构成固定组合,明确定位为雌性身份并保留至今。

（二）凤鸟卷草尾羽

元代纺织品中单根卷草尾羽凤鸟多出现在上下组合的双凤纹样中,目前仅发现一例单凤中出现单根卷草尾羽凤鸟纹织物实例,便是故宫博物院藏织金锦凤纹。凤鸟直立侧展双翅,双目圆瞪、嘴部似鹰,尾部有卷草尾羽,并且长有双足。此织物也有专家定名为鹰纹,但鹰无尾,元代纺织品中表现飞鹰逐兔或飞鹰捕鹿的"秋山"题材中出现的鹰纹都没有尾巴,形象与此卷草尾羽凤鸟相差甚远,因此这块织物装饰禽鸟应为凤鸟而不是鹰。此织物纹样采用唐代西域纺织品纹样流行的一正一反错行排列构图,凤纹形象粗犷有力,具有雄性鸟类造型特征。凤鸟在中原有如此悠久的历史,卷草尾羽造型的凤鸟唐代已有类似造型出现,凤鸟形象并未强化雌雄之别。民族文化交流频繁的唐代及元之后的明清时期,织物中的凤凰多为长条羽毛,可见元代凤凰形象强调雌雄之别以及卷草尾羽造型的雄凰形象来源非常值得探究。[1]

（三）雄凤形象的发展

凤鸟性别认知特别在尾部羽毛造型有一发展过程,由早期甲骨文中雌雄同体逐渐发展到汉代雌雄有别,至明清时期成为雌性身份的代表,雄性凤鸟造型不可避免的受到组合祥瑞的影响,与凤鸟组合的摩羯鱼造型便产生了重要影响。如表5-17凤鸟雌雄发展过程,虽然司马相如的诗歌表明汉代凤鸟有雌雄之分,但并没有形象的具体描述。汉代青龙、白虎、朱雀、玄武组合的四神纹,其中朱雀就是我们常见的凤鸟形象。汉代建筑屋脊正脊两端常装饰凤鸟,称为"鸱吻",有防火之意。到魏晋南北朝时期佛教广泛流行,佛教题材的摩羯鱼也被引入中原,之后摩羯鱼代替凤鸟出现于正脊房屋两端。唐朝时期装饰中开始出现了摩羯鱼与凤鸟组合的形象,这种组合直至元代都非常流行,之后摩

[1]　刘珂艳,元代纺织品中凤鸟鹰嘴造型特征[J].装饰,2014(11):76-77.

羯鱼逐渐由龙纹替代与凤鸟组合。印度河流域文明初期在印度《往世书》(*Purana*)的传说中,龙众(梵文 Naga)是毗那达(梵文 Vinata)之姐卡德鲁(梵文 Kadru)的后代。卡德鲁生下了金翅鸟。迦叶佛是龙和金翅鸟的父亲,但卡德鲁的背叛行为使龙和金翅鸟成为死敌。[1]说明摩羯鱼与龙、凤鸟三者之间的紧密联系。在法国吉美博物馆所藏印度10世纪左右摩羯鱼柱头造型可以直观发现棕榈叶的卷草形象特征。公元11世纪后期的多香石窟壁画《坛城局部》中的摩羯鱼形象完全卷草花化,之后逐渐被汉族的龙形象彻底替代。可以推测卷草尾羽凤鸟逐渐替代摩羯鱼的雄性身份与长条齿边尾羽凤鸟组合,长条齿边尾羽凤鸟一直保持雌性身份直到明清时期与龙形成组合定式。如图5-9、5-10,吉美博物馆在伊斯兰教文化区域展出牙雕首饰盒上装饰一似兽禽鸟,上颚翻卷长有牙齿,口吐如水波的卷草纹,展开翅膀,尾部卷草羽毛呈 S 形翻卷;鸟足粗壮,具有摩羯鱼与卷草尾凤鸟的双重特征,或可说明这种摩羯鱼与卷草尾凤鸟形象的紧密关系。

图5-7　元凤凰纹八菱葫芦瓶上局部　　　　图5-8　敦煌莫高窟138窟晚唐边饰

表5-17　凤鸟雌雄发展过程

雄	卷草尾羽凤　摩羯鱼 → 龙
雌	长条尾羽凤

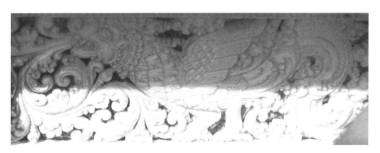

图5-9　南亚地区象牙雕首饰盒　　　图5-10　南亚地区象牙雕首饰盒纹样局部
(法国吉美博物馆藏)

(三)元代卷草尾羽雄凤流行的文化来源

　　元代是伊斯兰教在中国内地发展的重要时期。信奉伊斯兰教人民擅长制作精美奢华的工艺品,因而受到元代贵族的喜爱,元代生产纳石失的主要织工便是信仰伊斯兰教的织工,在织金锦上便织有工匠的阿拉伯语姓名。此外,伊斯兰艺术中的细密构图形式,及带状边饰的构图形式也深刻地影

[1]　[英]罗伯特·比尔. 藏传佛教象征符号与器物图解[M]. 向红笳,译. 北京:中国藏学出版社,2007:77.

响到元代装饰纹样构图并展现在纺织品和元青花装饰中。因此,伊斯兰装饰艺术对元代纺织品中出现用卷草尾羽表现雄凤的凤鸟造型影响较大,之后随着进入中原文化统治的明代,卷草尾羽的雄凤造型逐渐被汉文化代表雄性的龙纹所取代,有雌雄性别的凤凰逐渐统一为雌性形象。[1]如图5-11,5-12,在13世纪时期伊斯兰教建筑装饰中。

图5-11　13世纪伊斯兰建筑装饰砖凤鸟形象　　　　图5-12　13世纪伊斯兰建筑装饰砖凤鸟形象

四、凤的头部特征

元代凤鸟头部强化鹰的形象元素,圆瞪的双目,厚实下勾的上喙传递凶悍的猛禽气息,反映游牧民族对凤凰形象的理解与创造,更重要的是反映鹰对于游牧民族有着较为普遍的深远影响。早在战国时期活动于蒙古高原的匈奴人民在与其他民族文化不断交融过程中,将受波斯和希腊文化影响的斯基泰动物纹造型及阿尔泰艺术介绍到中原内地,在阿尔泰艺术及匈奴墓葬中都出现了以鹰为母体元素的装饰。公元前5世纪至公元前4世纪的巴泽雷克(Pazyryk)墓地,出土丝绸也装饰有嘴部如鹰般下勾的凤凰和格里芬题材造型,因此鹰的形象在游牧民族间流传地域广、时间久,有着深入人心的形象基础。

鹰作为游牧民族生活中狩猎辅助工具而被广泛熟悉、了解,元代非常重视鹰的繁育,成立专事捕鹰、养鹰的鹰房户,又称"鹰坊户",蒙古语称为"昔宝赤"。人员主要来自析居、放良人户和漏籍孛阑奚(即官府收留的流散人口),以及还俗僧道等。在皇帝御位下,设有鹰坊总管府,各投下设打捕鹰房总官府或提领所,管理鹰房户和打捕户。文宗时,皇帝的鹰房达到一万四千余人。并且还享有免除差役之苦,按规定要缴纳税粮,但在皇室庇护下,往往连税粮也免交。[2]鹰成为元代社会喜爱的禽鸟,必然会对当时装饰纹样有所影响,此外游牧民族信仰宗教文化崇拜鹰,也将鹰的特征赋予凤鸟。

游牧民族信仰的萨满教、藏传佛教中都视鹰为重要神明,如萨满教中,鹰以其矫健飞翔直插云霄的身形被视做通天的神物而受到尊敬。萨满教认为"神鹰是光与火的化身,神鹰能驱赶黑夜,能与烈火搏斗,萨满教神话中记载天地初开时,大地像一包冰块,阿布卡赫赫(制造万物的女性宇宙天神)像一只母鹰从太阳那里飞过,抖了抖羽毛,把光和火装进羽毛里头,可是鹰飞的太累,烈火烧毁翅膀,鹰死于火海里,鹰魂化成了女萨满。"[1]此外来自藏传佛教中金翅鸟也被描绘成鹰嘴人身的形

---

[1]　刘珂艳.元代纺织品中凤鸟鹰嘴造型特征[J].装饰,2014(11):76-77.
[2]　史卫明.元代社会生活史[M].北京:中国社会科学出版社,2005:24.

象。金翅鸟又名妙翅鸟,(梵名 Garuda),是印度教和佛教禽鸟之中的神鸟之王,是蛇或龙的死敌。佛经中说它是佛的护持,住于须弥山下层,可以降龙,靠食龙为生,人身鸟头,有时全身为鸟的造形。金翅鸟被尊为大理国的保护神,置于塔顶,意寓护国佑民,消灾祈福。[2]如 1978 年在西南大理崇胜寺三塔,在主塔塔顶发现一只银质鎏金金翅鸟,鸟首高昂,双翅展开,颈羽呈火焰形向上展开。最初的金翅鸟被画成鹰状巨鸟,称作"Suparna""Garutman""太阳鸟",后来形象确定为鸟人,即半鹰半人[3],金翅鸟在游牧民族的装饰纹样中都有出现,其鹰头形象也表明游牧民族理想中鸟中之王的形象就是鹰的形象。因此狩猎为生的游牧民族本身对鹰的熟悉或由于受宗教崇拜或多元文化影响,其形象在西域游牧民族中深入人心,所以反映在元、辽凤鸟纹样造型中显示具有鹰的造型特征。[4]

元代纺织品中的凤鸟形象经比较可以总结为以下几点特征:

① 元代纺织品中成对组合的凤鸟形象,凤鸟两种尾羽造型,其中卷草尾羽为雄凤,数根长条齿边尾羽为雌凰。卷草尾羽的雄凤形象来源于摩羯鱼与凤鸟的组合,其影响文化多元,主要为元代伊斯兰教文化的影响。

② 元代纺织品中两类凤头形象源自两种不同文化影响,源自汉文化的凤头鹰形特征弱,凤头鹰形特征明显源自游牧民族文化,来源主要是受萨满教及佛教对鹰、金翅鸟的崇拜的影响。

③ 凤嘴鹰形特征具有两种类型:一类鹰形特征明显,鼻根拱起,眼睛圆瞪;一类面部偏小,凤嘴上喙厚度偏薄,鹰形特征相对减弱。

④ 凤鸟构成形式上由左右对称构图形式发展为动态的旋转"喜相逢"式构图。

⑤ 凤鸟有单独出现也有成对组合,常与龙、摩羯鱼、牡丹花、麒麟等祥瑞组合构成装饰纹样体现吉祥美好的寓意。

第三节 "春水""满池娇"

"春水秋山"是游牧民族表现狩猎题材纹样的合称,也可分开表述"春水"纹,"秋山"纹。其中元代纺织品中"春水"与"满池娇"纹样虽然表现主题不同,但都是以中原花鸟画莲池小景为载体组织构图,因此画面构成元素有部分相近之处,通过比较以更详细分析两纹样。

一、"春水秋山"的来历

"春水秋山"一词源于《金史·舆服志》:"金人之常服四:带,巾,盘领衣,乌皮靴。其束带曰吐鹘。""衣色多白,三品以皂,窄袖,盘领,缝腋,下为璧积,而不缺胯。其胸臆肩袖,或饰以金绣,其从春水之服,则多鹘捕鹅杂花卉之饰,其从秋山之服,则以熊鹿山林为文,其长中箭,取便于骑也。吐鹘,玉为上,金次之,犀象骨角又次之。钤鞢,小者间置于前,大者施于后,左右有变双铊尾,纳方束中,其刻琢多如春水秋山之饰。"概述了"春水""秋山"纹样为游牧民族所乐于表现的狩猎题材,具体"春水""多鹘捕鹅杂花卉之饰",有鹘、杂花以及捕鹅的情节。"秋山""以熊鹿山林为文"。

[1] 张正旭.浅析辽代文物上的龙凤纹饰,宋史研究论丛(第十一辑)[M].石家庄:河北大学出版社,2010:310.
[2] 中国国家博物馆编.文物宋元史[M].北京:中华书局,2009:127.
[3] [英]罗伯特·比尔.藏传佛教象征符号与器物图解[M].向红笳,译.北京:中国藏学出版社,2007:80.
[4] 刘珂艳,元代纺织品中凤鸟鹰嘴造型特征[J].装饰,2014(12):76-77.

目前论及"春水秋山"纹样的研究论文主要有杨伯达1983年发表于《故宫博物院院刊》2期的《女真族"春水""秋山"玉考》一文，引起学者开始关注"春水秋山"的装饰题材研究，之后有《元代钱裕墓春水玉研究》，袁宣萍《春水秋山》一文从织物中出现相关题材进行分析。此外，扬之水《"满池娇"源流——从鸽子洞元代窖藏的两件刺绣说起》文中也论及"春水"题材的渊源，分析辽代皇帝每年春秋两季出宫行猎，春天围猎水边的禽鸟，秋天围捕山间的兽类，认为"满池娇"源于"春水"纹的发展。

纵观元代纺织品中出现了大量装饰兔子、鹿及天鹅等动物纹样，虽为"春水秋山"所涉及装饰题材，但将此类纹样全部归为"春水秋山"似乎存在以一代全之嫌，因为兔、鹿装饰题材流传时间久、区域广，元代织物中兔、鹿题材是否归于"春水秋山"还需具体分析。因此本文将兔纹、鹿纹题材分出"春水秋山"章节做单独分析。下文通过元代纺织品纹样实物比较，进一步明确"春水秋山"与"兔"纹、"鹿"纹之间的形象区别。

（一）元代纺织品中的"春水"纹样

据《辽史·营卫志》载："春捺钵：曰鸭子河泺。皇帝正月上旬起牙帐，约六十日方至。天鹅未至，卓帐冰上，凿冰取鱼，冰泮，乃纵鹰鹘捕鹅雁。晨出暮归，从事弋猎。鸭子河泺东西二十里，南北三十里，在长春州东北三十五里，四面皆沙堝，多榆柳杏林。皇帝每至，侍御皆服墨绿色衣，各备连鎚一柄，鹰食一器，刺鹅锥一枚，于泺周围相去各五七步排立。皇帝冠巾，衣时服，系玉束带，于上风望之。有鹅之处举旗，探骑驰报，远泊鸣鼓。鹅惊腾起，左右围骑皆举帜麾之。五坊擎进海东青鹘，拜授皇帝放之。鹘擒鹅坠，势力不加，排立近者，举锥刺鹅，取脑以饲鹘。救鹘人例赏银绢。皇帝得头鹅，荐庙，群臣各献酒果，举乐。更相酬酢，致贺语，皆插鹅毛于首以为乐。赐从人酒，遍散其毛。弋猎网钓，春尽乃还。"《三朝北盟会编》卷三："……又有天鹅，能食蚌，则珠藏其嗉；又有俊鹘号海东青者，能击天鹅；人既以俊鹘而得天鹅，则于其嗉得珠焉。海东青者出五国，五国之东接大海，自海东而来者，谓之海东青。小而俊健，爪白者尤以为异，金则更不现。必求之女真，每岁遣外鹰坊子弟趣女真发甲马千馀人入五国界，即海东巢穴取之，与五国战斗而后得，女真不胜其扰……由是诸部皆怨叛。"以上记载描述"春水"场景为表现海东青猎捕天鹅的狩猎场景。

目前发现元代玉雕中表现此场景题材较多，而织物中明显表现鹰捕天鹅、大雁场景的题材非常少见，仅私人收藏蒙古时期绿地鹘捕雁纹妆金绢为此题材，滴珠窠内表现海东青捕捉天鹅，四周装饰莲花、莲叶及祥云。"春水"题材也是表现莲花池塘小景，与同是表现莲花池塘小景的"满池娇"两者相近，但也有明显区别。简单就纹样题材区分"春水"禽鸟为北方候鸟天鹅和大雁，"满池娇"禽鸟为南方的白鹭和鸳鸯。

图5-13　蒙古时期绿地鹘捕雁纹妆金绢片金妆花（私人收藏）

（二）元代纺织品中的"秋山"纹样

"秋山"表现游牧民族秋天狩猎场景，并以鹿为主要围捕目标，用鹿哨将鹿引诱入埋伏圈捕杀的场景,元代纺织品中明确表现这一狩猎场景的织物有私人收藏缠枝牡丹绫地妆花金鹰兔胸背纹,织物长124厘米,高140厘米,宽222厘米,袍服胸口织出造型写实的兔子在灵芝花草丛中飞奔,头顶飞鹰在如意云朵间盘旋,纹样通过近大远小的处理手法表现近处的兔子和远处的鹰(图5-14)。鹰为"秋山"题材重要元素,在这块秋山装饰纹样中也加入了中原绘画常用的造型元素,如假山石、灵芝、瑞草等,这也说明游牧民族在表现游牧民族文化的装饰题材时会借用发展成熟的中原纹样组织造型。此题材如前文兔纹、鹿纹章节分析,元代"春水秋山"纹样逐渐增加中原文化元素,最后为汉文化的"满池娇"及吉祥纹样所替代。

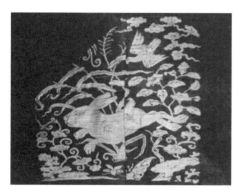

图5-14　元缠枝牡丹绫地妆花金鹰兔胸背纹(私人收藏)

(三) 元代纺织品中"春水秋山"主要特征

"春水秋山"纹为表现春秋季节狩猎场景,纹样借用中原花鸟画构图及元素表现这一主题,鹰为早期这一主题的重要形象,之后有逐渐增加中原文化元素的发展趋势,鹰的形象逐渐被中原山石、松树所取代。元代纺织品中比较鹿纹形象可以直观发现,纹样有一个由动至静的发展过程,鹿生活背景也由北方景色逐渐转变为散发着浓郁中原文化的场景中,如鹿抬起双腿在光秃秃的山林间奔腾的形象,后平型搬移至中原场景在松树、假山及如意瑞草间飞奔,最后悠闲信步于茂密的花草丛中,可以看到鹿周边漂浮如意云头纹、灵芝,更加强调鹿身为瑞兽的吉祥含义而不是被捕杀的对象,展现了元代蒙古游牧民族在一统中原后,其游牧文化受到中原文化的影响(图5-15～图5-17)。

图5-15　辽鹰逐奔鹿压金彩绣(内蒙古阿鲁科尔沁旗耶律羽之墓出土)

图5-16　元棕色罗花鸟绣夹衫(内蒙古博物馆藏)

图5-17　蒙元时期鹿纹方补(香港万玉堂藏)

元代纺织品中表现"秋山"主题的兔纹也有一个由北方场景逐步向中原化题材转变的过程,如私人收藏的缠枝牡丹绫地妆金鹰兔胸背纹样(图5-18),飞鹰是"秋山"的点题形象,奔兔四周也装饰假山石和如意灵芝,但埋没于花草丛中不太醒目,在兔纹印金搭子画面中(图5-19),回首瞭望的兔子身边只保留如意灵芝,鹰和繁茂的花草都省略,至元代集宁路古城遗址出土、现藏于内蒙古博物馆的棕色罗花鸟绣夹衫[1],夹衫背部绣有一幅兔子主题的小景(图5-20),奔跑中停歇警惕回望的小兔子与印金搭子中的兔纹造型极为相似,但身后背景中原化元素更多,身后披着一朵白云,或者表现的是玉兔在高山云海间漫步,增添了一股仙气。远景为山尖峭崖、松柏。这组兔纹形象所传递的中原文化气息不言而喻,兔纹形象相近似,背景逐渐演化为中原山水画题材。

图5-18　元缠枝牡丹绫地妆花金鹰兔胸背纹(私人收藏)　　图5-19　元印金描朱兔纹纱(私人收藏)　　图5-20　元棕色罗花鸟绣夹衫(内蒙古博物馆藏)

　　元代纺织品"春水秋山"中鹰的形象逐渐被省略,鹿和兔子这些被中原人们所熟悉的装饰题材继续发展,成为表现吉祥寓意的常用形象。

二、春水纹样

　　元代纺织品中早期"春水"表现鹰捕食天鹅、大雁的场景,鹰为重要辨别形象,之后"春水"形象中鹰的形象逐渐省略。元代"春水"题材不仅运用于元代纺织品纹样中,也流行于元代的其他工艺美术品,以及其他游牧民族装饰纹样中,如无锡钱裕墓出土元"春水"纹玉器,装饰纹样为莲花池中天鹅从慈姑、莲叶间探头仰望天空中捕食的鹰。类似构图在金代玉器中也多有发现,命名为"春水"图(图5-21、图5-22),此造型纹样虽表现西域游牧狩猎文化,但不可忽略画面构图明显借鉴当时宋代花鸟画构图形式,以及受宗教文化、民间文化的影响,因此需要进一步的分析此题材。

图5-21　内蒙古永庆陵(辽)壁画上春水场景　　图5-22　辽嵌宝石鎏金包银漆盒(内蒙古文物考古研究所藏)

　　辽代春捺钵中描述的"春水"形象,在内蒙古永庆陵辽代壁画上可以看到,其展现的"春水"场景

---

[1]　赵丰,金琳.黄金·丝绸·青花瓷:马可·波罗时代的时尚艺术[M].香港:艺纱堂(服饰)出版社,2005:78.

为一副南方池塘小景画面,莲花池塘边鸳鸯戏水、大雁悠然畅游的自然景象,全无北方狩猎的紧张气氛,并且北方还需凿冰取鱼的时节不会有莲花盛开之景象,为何"春水"纹用江南夏季莲花池塘小景与天鹅、大雁表现春天狩猎题材,或许辽代画师是借用唐代花鸟画的表现手法表现这一北方狩猎场景,美化北方生活景象。

图5-23　辽嵌宝石鎏金包银漆盒(内蒙古文物考古研究所藏)

表5-18　春水纹形象比较

元春水纹玉器(无锡钱裕墓出土,无锡市博物馆藏)	元"春水"饰(故宫博物院藏)	金玉"春水"饰	元棕色罗花鸟绣夹衫局部(元代集宁路古城遗址出土)

比较发现金、元时期命名"春水"玉造型纹样之组成元素及动态极为近似,如表5-18主要由天鹅、海东青、莲叶、慈姑、芦苇草等元素构成,其中天鹅及莲花、莲叶为"春水"纹必然出现的形象元素。天鹅动态已成定式,展翅俯身卢苇草丛中,昂首探头姿势,表明此纹样源于固定粉本,且很受游牧民族的喜爱而非常流行,其粉本构图可能直接借鉴中原花鸟画画面构图。

早在敦煌西魏时期的壁画中已出现莲荷水禽的图样,唐代花鸟画独立设科,盛唐净土变壁画中表现净土的理想景象便是七宝池、八宝水,莲花盛开、水禽飞鸟自由嬉戏的场景。自北宋成立画院进一步促进花鸟画发展,水鸟嬉戏于莲花池塘小景题材成为两宋时期绘画热门画题,保存至今的南宋时期莲池水禽图缂丝及绘画,说明当时此题材经过一定时期流行已趋于成熟,画面构成元素如池塘内婀娜的莲花、动静相宜的水禽基本确定,动植物形象描绘栩栩如生,并逐渐流传至与两宋相对峙的辽、金时期,朝鲜高丽时期也出现内容相近的莲池水禽装饰题材,说明此题材曾流传地域非常广。

辽、金时期池塘小景装饰与元"春水"纹样比较如表5-19,虽同借用南方夏季景象构图,但两者有区别,元"春水"纹构图中天鹅动态、植物形象较为稳定,而辽、金时期莲池小景构图形式较自由,纹样组成元素较多。如莲花、莲叶、水草、慈姑等植物,嬉戏游走的鸳鸯、野鸭、大雁、鹭鸶,以及蜜蜂、蝴蝶、蜻蜓等昆虫。说明宋流行的池塘小景题材在辽、金时期经过一段时期流行,元代逐渐摒弃南方鸳鸯等水鸟及蝴蝶、蜻蜓昆虫,而保留北方熟悉的天鹅,并将天鹅以最优美的姿态确定下来,加入代表北方狩猎的鹰符号元素,成为"春水"纹固定画面形象。

表5-19　辽、金、宋时期池塘小景形象

金绿釉雕花莲鸭纹枕	辽绣莲塘双雁（梦蝶轩捐赠）
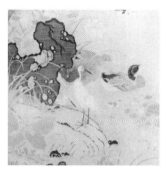	
南宋朱克柔莲塘乳鸭图局部	南宋黄晟升幕出土褐罗抹胸

南宋莲池水禽图	南宋于子明莲池水禽图
	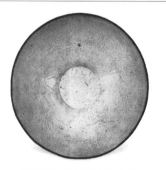
王氏高丽莲池水禽青瓷碗	辽定窑白釉莲池荡舟盘

通过以上莲花莲花池塘小景纹样形象比较可见，莲花池塘内嬉戏水鸟的生动画面流传地域非常广，金、辽、王氏高丽时期、南宋时期工艺品中都有使用，但画面构图形式比较自由，花鸟形象并未定形，水鸟有野鸭、鹭鸶、鸳鸯等，并有鸳鸯与鹭鸶同在一画面的形象，而"春水"玉构图中的天鹅俯冲姿势较为稳定。

三、"满池娇"纹样

"满池娇"纹样为元代非常具有时代特色的装饰纹样，主要组合元素有莲花、莲叶、水草、水鸟等表现莲花、池塘小景的装饰纹样。《朴通事谚解》中对"满池娇"的注解为："《质问》云：以莲花、荷叶、藕、鸳鸯、蜂蝶之形，或用五色绒线、或用彩色画于段帛上，谓之满刺娇，今按：刺，新旧原本皆作池，金详文义，作'刺'是，池与刺相近而讹。"

"满池娇"纹样多位专家已专门撰文分析，重要的如尚刚《鸳鸯鸂鶒满池娇——由元青花莲池图案引出的话题》、扬之水《"满池娇"源流——从鸽子洞元代窖藏的两件刺绣说起》。刘中玉《元代池塘小景纹样略论》一文中分别从元青花及刺绣工艺中出现的"满池娇"纹样，论述元代这一常见题材的发展脉络。尚刚认为"满池娇"出现历史不晚于南宋，扬之水认为其图案产生于宋，名称出现不晚于南宋，两者在出现时间上观点相似。至于纹样的渊源，扬之水认为起源可追溯到辽代四时捺钵制度的"春水""秋山"；而尚刚文中认为元青花中的"满池娇"粉本源于皇家御用刺绣纹样，之所以在崇尚富丽华美的元代装饰纹样中出现清新秀美的"满池娇"是由于受热爱汉文化的元文宗皇帝影响。

宋代绘画的发展促进了池塘题材装饰纹样的发展，台北故宫博物院藏《太液荷风》中成对的鸳鸯在荷叶丛中窃窃私语，荷叶在夏风的吹拂下摇曳生姿，此画作者冯大有主要活动于南宋时期。池塘小景的题材在宋代陶瓷中成为重要装饰题材，在多个窑口都发现有莲花纹装饰的瓷器。入元后发展成为"满池娇"的纹样定式，并于游牧民族流行的"春水"纹样形式相合，将不同传统的创作构思和表现手法融汇整合，成为元代装饰独特新题材。

（一）元代纺织品中"满池娇"纹样题材

元代纺织品中"满池娇"组合的植物种类较多，水中的莲花以正侧面造型为主，莲叶为翻卷的半侧面形象，莲荷造型婀娜多姿强调动感。慈姑又名水萍，也是"满池娇"中常出现的植物，"满池娇"中的水禽有白鹭、鸳鸯等，昆虫有蝴蝶、蜻蜓。这些动植物纹样早在宋代已因具有不同吉祥寓意，而成为织绣纹样流行题材，如"并蒂莲""对鸳鸯""蜂赶菊""蝶恋花"等具有夫妻恩爱的吉祥寓意，是工匠常用装饰题材，构图形式已非常成熟，反映百姓对美满生活的期许。元代在此基础上发展的"满池娇"，虽然具有游牧民族文化的时代特征，但在纹样形象表现上反映出中原文化的影响。

元代纺织品中"满池娇"形象根据题材分类比较：

莲花：以正侧或半侧面角度形象，莲花中心有莲蓬。

莲叶：莲叶自然翻卷以侧面角度表现，莲叶上还会刻画破损的局部。

其他水草：慈姑、芦苇、水葫芦也是"满池娇"中常出现的水草形象。

禽鸟类题材：元代纺织品"满池娇"纹样中的禽鸟以白鹭和对鸭、鸳鸯为主，禽鸟多成双成对，也有单只禽鸟与水草组合成小景，但在整个布局中有两组，形成左右成对组合。对鸭形象为一只昂首前行，一只转头回望；对白鹭形象为一只展翅俯冲正待降落，一只站立水中曲项张望。

昆虫形象：元代纺织品"满池娇"中的昆虫主要为蝴蝶，蝴蝶有正、侧面，蝴蝶与缠枝荷花或缠枝牡丹组合成"蝶恋花"，此外还有对鱼形象。

将纹样按题材分类比较，可发现莲花、莲叶、白鹭、对鸭等表现角度及造型相近，形象非常程式化，说明此题材在使用过程中已抓住最具形象特征的造型，逐渐凝练为形象符号。纹样中的并蒂莲、对鸟、对鱼以及蝴蝶等形象具有夫妻恩爱的含义。

（二）纺织品中"满池娇"构图形式

1. 缠枝花构图

以缠枝花为骨骼将莲花、莲叶组织成适合于装饰部位的纹样,鸳鸯等禽鸟穿插于莲花丛间,纹样组织自由度较大,便于装饰。

2. 单独纹样

将莲花、莲叶、芦苇、水鸟、鱼虫等题材组织成具有一定情节的装饰小景,以散点构图形式布局。如元代集宁路古城遗址出土、内蒙古博物馆藏,棕色罗花鸟绣夹衫上刺绣99块单独纹样,在两肩处刺绣两块较大的T字形满池娇纹样,生动描述了池塘莲花盛开,假山、芦

图5-24　元荷花鸳鸯刺绣护膝(美国克利夫兰博物馆藏)

苇丛中一对鹭鸶嬉戏的自然景象(图5-25)。夹衫上还刺绣有多处散占布置的满池娇题材纹样,主题都是表现莲花池中的花鸟鱼虫景象。

图5-25　元棕色罗花鸟绣夹衫局部(元代集宁路古城遗址出土,内蒙古博物馆藏)

3. 适合纹样

适合于方形、圆形构图,组织莲花、莲叶,以及禽鸟等元素构成"满池娇"纹样。如刺绣莲塘双鸭纹,以并蒂莲为主题,穿插对鸭、蝴蝶等元素,整体既对称的平衡,局部变化又打破对称的呆板。

图5-26　元刺绣莲塘双鸭绫,地平绣、边用环针绣(内蒙古黑城遗址出土,内蒙古博物馆藏)

（三）元代纺织品中"满池娇"主要特征

魏晋时期流行的莲花纹,随着唐代花鸟花的发展开始表现绘画情节,至南宋表现荷花池塘鸳鸯戏水题材的花鸟画已更加成熟,"满池娇"的名称已确定下来,南宋末年临安人吴自牧曾描述当时临

安夜市繁华,列举夜市所售货物有"挑纱荷花满池娇背心儿",表明宋末元初江南地区满池娇纹样应用已相当普遍。元代荷花、荷叶与鸳鸯、对鸭成为常见"满池娇"组合形式,此外慈姑、蝴蝶、白鹭也会出现于"满池娇"纹样中,营造出更为生动的莲池景象。"满池娇"纹样的寓意有学者认为是源于佛教中常使用莲花、白鹅等来标识清澄界域的传统。[1]根据纹样多使用并蒂莲、对鸟以及蝴蝶与缠枝花组成"蝶恋花",应是婚嫁喜用的祝愿夫妻恩爱的装饰主题。

总结元代满池娇纹样特征主要为以下几点:

① 纹样由莲花、莲叶、芦草、慈姑、白鹭、鸳鸯、对鸭、对鱼、蝴蝶等植物、禽鸟、昆虫组合成莲花池塘小景,其中莲花、莲叶与禽鸟的组合为满池娇必要元素。

② 纹样有适合纹样、缠枝花或单独装饰小景,外形多为适合整形,如:圆、方、梯形等,内部纹样造型以自然写实手法表现。

③ 纹样中的构成元素形象极为相似,表明该纹样应有可参照的粉本。

元代纺织品中"满池娇"莲花池塘小景纹样,此题材在元代其他工艺品中使用更多,如表5-20元青花瓷、金银首饰中都有较多此纹样装饰实物,表明元代"满池娇"较"春水"纹更为流行,两者相比较,元代纺织品中"满池娇"纹样构成元素较"春水"纹更加丰富,有莲花、莲叶、芦草、慈姑、白鹭、鸳鸯等,其中莲花、鸳鸯或鹭鸶为"满池娇"的重要构成元素。比较元青花、金银首饰中"满池娇"纹样与织物中的"满池娇"构图、画面组合元素及动态都非常近似,可以确定元代工艺品中"满池娇"纹应有可参照的粉本。正如刘新园和尚刚分析元青花纹样或是依画局所设计的画样范本绘制。青花绘制时更轻松随意,纹样组合场景更丰富,而金银首饰多为女子婚嫁时的嫁妆,其装饰题材着力表现夫妻恩爱美满,因而元代金银首饰"满池娇"纹中植物、水鸟、蜂蝶多成双成对出现,水鸟也主要以寓意夫妻相爱的鸳鸯为主。

表5-20　满池娇纹样比较

元青花罐(英国剑桥提兹威廉姆博物馆藏)

元棕色罗花鸟绣夹衫局部(元代集宁路古城遗址出土)

元青花莲池白鹭纹

元棕色罗花鸟绣夹衫局部(元代集宁路古城遗址出土)

[1]　刘中玉.元代池塘小景纹样略论[J].荣宝斋,2009(2):80-89.

续表

元青花鸳鸯莲池纹盘

元青花鸳鸯莲池纹盘

元初满池娇纹金帔坠(苏州虎丘山北吕师孟墓出土)

南宋满池娇纹金帔坠(江西安义南宋李硕人墓出)

辽刺绣花卉对鸳鸯

辽对鸳鸯锦

经过元代不同工艺品中"满池娇"纹样比较发现元代"满池娇"水鸟形象较集中于鸳鸯和鹭鸶,并且水鸟多成对出现。辽代纺织品中出现的对鸳鸯纹还保留唐代纺织品中常采用的左右对称构图,表明唐代已流行寓意夫妻幸福的对鸳鸯纹,辽代继续流行此装饰纹样,并且游牧民族开始广泛接受此题材,在此基础上由左右对称加入更多的自由元素,两鸳鸯形象更加生动。

四、"春水"纹样与"满池娇"纹样比较

① 相同点。两纹样都借用中原流行的莲池小景绘画题材为纹样构成主题,莲花、莲叶及水禽为纹样重要组成元素。

② 相异处。"春水"纹与"满池娇"纹表现内容不同,"春水"纹为表现北方游牧民族春天捕猎天鹅、大雁等狩猎场景。"满池娇"纹以表现夫妻恩爱幸福美满为主题。具体纹样形象表现在装饰水鸟的不同,"春水"纹水鸟主要为游牧民族喜爱猎捕的大雁、天鹅,且鹰是纹样点题重要元素。"满池

娇"纹样水鸟主要有对鸳鸯,或对鱼、对鹭鸶。

两纹样虽同为元代流行装饰纹样,但后续发展状况各不相同,"满池娇"表现夫妻恩爱的主题在元代市井文化繁荣的社会背景下,更受百姓喜爱而流行广,并且经过不断创造,形象元素丰富、富于变化,具有更强生命力。表现狩猎题材的"春水"纹离百姓生活渐行渐远,纹样发展过程中表现狩猎的符号形象鹰逐渐消失,最后成为单纯的池塘小景纹。

梳理莲花纹发展脉络:

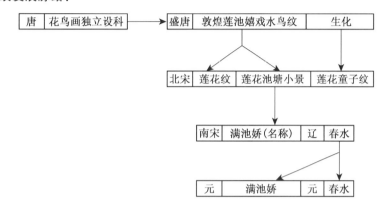

第四节 鹿、兔"秋山"

元代纺织品中出现较多鹿纹形象,归纳应来自于三种文化影响:一为游牧民族表现狩猎题材"秋山"纹;二为中原汉文化,视鹿为祥瑞表现吉祥寓意;第三种鹿纹来自中亚、西亚对鹿纹崇拜文化影响。三种文化相互交融表现在鹿纹形象中为两种造型:一种为行走或奔腾动态之势;一种为卧姿静态之势。因此,简单将元织物中所有鹿纹统归为"秋山"明显不妥,将其他时期或工艺品中的鹿纹形象加以比较,能更清晰地理解鹿纹形象特征。

一、鹿纹形象比较

(一) 吉祥纹样

鹿作为早期人们狩猎主要目标之一,被人们熟悉而成为装饰表现的题材之一,因此鹿纹流传时间久远,出现地域也非常广。元代纺织品中出现的静卧姿态鹿纹或站立造型的鹿纹,形象展现雍容端庄的神态,此类造型鹿纹早在唐代工艺品装饰中已有出现。唐代工艺品中鹿造型受中亚文化的影响,鹿角多为肉芝形,静卧姿态鹿纹显露优雅舒展神韵,作为鹿纹经典形象一直保留至宋代玉雕及元代纺织品的鹿纹造型中。唐代玉雕卧鹿口吐云气纹形象,宋代演变为口衔莲枝,明显强化其吉祥寓意,鹿取其"禄"及"六"的谐音,与花草树木组合成为表现吉祥寓意的固定模式。金代妆金织物中鹿纹也表现为卧鹿口衔牡丹的形象,画面欢快活泼,充满自然的生活气息,鹿的造型与伊斯兰风格建筑装饰砖的鹿纹造型极为近似,表明具有吉祥寓意的鹿纹受到不同文化背景民族的喜爱,但具体表现形象都加入中原装饰元素。辽代织物中的鹿纹即有头顶肉芝冠鹿纹奔跑于山林间的"秋山"形象,体现以狩猎为生的游牧民族对捕鹿题材的喜爱,也有头顶肉芝鹿角的奔鹿口衔绶带在灵芝云间奔腾,展现了对唐代织物中装饰题材的继承。

表 5-21　卧鹿形象比较

唐　卧形肿骨鹿	宋　青玉卧鹿	元　紫地卧鹿纹妆金绢

唐　鹿吐云气纹带板	宋　衔莲玉鹿	金　妆金织物鹿纹

金　石刻(山西永和县出土)	伊斯兰风格建筑装饰砖	元　银祥瑞图帔坠 (湖南临澧新合窖藏出土)

　　唐代表现祥瑞的卧鹿形象在辽、金、元游牧民族间继续流行,之中加入更多的文化元素,表明纹样在流传过程中都是保留某一主题形象,再加入自己熟悉的形象,如山西永和县出土金代石刻,站立鹿纹口衔"一把莲"的形象,在伊斯兰风格建筑装饰砖纹样中就有展现,"一把莲"的形象更加细密,保留站立的鹿姿态,但鹿纹已发展为头顶长角的羚羊形象,并且还加入鹰纹,纹样由金代舒展形象重新组合发展为紧密的伊斯兰风格纹样,而辽代纺织品中已出现"一把莲"形象,表明在纹样流传过程中受不同文化影响形象元素随之有了变化。

(二)"秋山"纹样

　　元代纺织品中"秋山"表现飞鹰捕兔、捕鹿的场景,或者兔、鹿在山林间飞奔的动态纹样,发展中纹样形象加入松树、祥云、灵芝等中原符号。在金、元时期玉雕装饰纹样中也有近似的画面出现,如表 5-22 中所列金代两件表现"秋山"纹的林间行走双鹿,故宫博物院藏金玉"秋山"嵌饰及金白玉巧作雕鹿饰件。两件玉雕中的双鹿形象动态及画面布局非常接近,前面一只鹿回首,后面一只鹿仰望,四周穿插菊花及菊花叶,点题秋天景象。比较两只鹿的"秋山"纹在元代玉雕及辽代刺绣纹中也能发现之间的联系了,辽宁省法库叶茂台出土辽罗地彩绣,四只奔鹿在菊花丛中奔驰,有"秋山"题材向吉祥纹样过渡的意味。如中国国家博物馆藏元青玉深雕双鹿福字云纹方形带跨,画面行走的双鹿头顶两朵如意灵芝云头纹,同样前面一只鹿回首,后面一只鹿仰视,中间一个圆形福字吉祥寓意表达明确,直观展现中原文化的影响。辽代罗地压金彩绣山林双鹿,两只鹿头顶肉芝冠,长有双翅在山林间飞奔,形象活泼自然,前面一只鹿回首,后面一只鹿仰视,表明"秋山"纹中双鹿形象受不同文化影响而逐渐变化的过程,最后将绘画性构图以图案式编排,逐渐脱离早期对中原绘画的模仿,如辽代簇四球路奔鹿飞鹰宝花绫。

表5-22 "秋山"纹样比较

金 玉秋山嵌饰(故宫博物院藏)

元 青玉深雕双鹿福字云纹方形带跨
(中国国家博物馆藏)

金 白玉巧作雕鹿饰件

辽 罗地压金彩绣山林双鹿

辽 罗地彩绣花卉奔鹿(辽宁省法库叶茂台出土)

辽 云山瑞鹿衔绶绫袍(内蒙古
阿鲁科尔沁旗耶律羽之墓出土)

辽 簇四球路奔鹿飞鹰宝花绫

辽 卷草奔鹿方胜八鸟宝花绫

　　源于游牧民族狩猎文化的装饰题材"秋山",具体形象为林间小鹿行走或相互追逐,画面追求活力的动感画面。发展至元代在原有双鹿纹构图中加入更多吉祥元素成为吉祥纹样,点题秋天的菊花及山林形象更换为福字、如意云头纹,表现了狩猎文化受中原文化影响逐渐被中原文化同化的过程。

　　总结元代鹿纹特征可知,经过唐代西域文化的交融发展,鹿纹有卧姿、站立姿势显示出端庄安详的神情。宋代市井文化的发展,卧鹿身后背景加入繁密的吉祥花草,如竹、如意云、灵芝等,具有长寿、福禄的吉祥含义,这种表现吉祥寓意的组合形象在辽、金、元时期鹿纹中都有出现,与表现飞鹰捕鹿的激烈场景,或双鹿在山林间嬉戏追逐的"秋山"题材决然不同,以鹿寄寓对生活美满幸福的向往。通过鹿纹形象比较,可以发现不同时期、不同工艺品中装饰的鹿纹造型都极其相近,说明不同造型鹿纹的粉本流传广泛,被应用于不同工艺品中,作为一个长盛不衰的装饰主题,它较为稳定的构图形象主要源自其美好的吉祥寓意和人们追求幸福美满生活的愿望。[1]

二、兔纹题材分析

兔纹作为元代"秋山"纹样中的重要题材之一,在纺织品、元青花、金银器等工艺品中都有使用,元代纺织品中出现的兔纹除了表现狩猎习俗的"秋山"纹样,还有源自佛教、道教不同文化的兔纹装饰,如月宫中玉兔捣药题材,早在唐代铜镜中已有出现,至元代玉兔在桂树下捣药的图案一直保留,嫦娥及蟾蜍不被游牧民族所熟悉的造型元素被省略,服饰中玉兔捣药纹样与三足乌形象分别装饰于肩两侧,此纹样题材在元代其他工艺品中出现较少,如金银首饰及元青花中兔子的造型主要为山林花草间游戏的兔子,画面借鉴了绘画构图形式。

(一)"秋山"

元代纺织品中表现兔子在山林间奔腾的"秋山"题材如图5-27,之后"秋山"在中原应用过程中,也经历了由表现游牧民族鹰捕猎的场景发展到中原假山、松石环景的过程,兔子的吉祥寓意被逐渐强化。

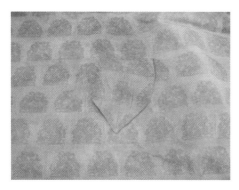

图5-27 元万字地双兔纹(私人收藏)

(二)"玉兔捣药"题材

月兔形象在中国装饰题材中是常见装饰元素,老百姓对"玉兔捣药"的故事耳熟能详,在《山海经》中已有描述,早在河南郑州出土的汉画像砖中就出现了"玉兔捣药"装饰形象,旁边有西王母盘腿合袖端坐于台座上,仿佛在指导审视玉兔捣药的工作。玉兔捣药的装饰题材形象表现常与羲和主日、后裔射日、东王公、西王母、三足乌等神话题材一并出现。月宫中的兔子常伴随女性形象如在西王母、女娲旁边出现,反映出中国宇宙间阴阳相生的哲学思想。此构图在唐代的铜镜中已有诸多表现,浙江江山县源口乡出土的唐代铜镜上已有月宫中嫦娥与桂树下捣药玉兔的场景描绘了(图5-28)。缂丝玉兔云肩残片(图5-29),赵丰认为是原袍的左肩部分,左肩为玉兔,右肩为乌雀。残片的中间一轮满月中一只玉兔侧身立于桂树下捣药,构图情景较有故事性,树叶树干造型概括,玉兔以浅粉红色勾线,双耳直立,黑目短尾。青灰色地面一笔带过,捣药杵和捣药罐表现简单而准确,整个情节构图如适合纹样填充于月亮圆形内,布局均匀而疏密有致。[2]

[1] 刘珂艳,元代织物中鹿纹研究[J].装饰,2014(3):133-134.
[2] 刘珂艳,元代织物中兔纹形象分析[J].装饰,2012(10):125-126.

图5-28　唐代铜镜,浙江江山县源口乡出土

图5-29　元缂丝卧兔云肩残片

(三) 滴珠窠兔纹形象

佛教壁画中也常出现兔子形象,其表达的是佛教的兔本生故事。《一切经音义》解释《正理门论》中怀兔为:月中兔者,佛昔作兔王,为一仙人,投身入火,以肉施彼,天帝取其骸骨,置于月中,使得清凉,又令地上众生见而发意故也。[1]在《兔本生——兼谈西藏大昭寺、夏鲁寺和新疆石窟中的相关作品》一文中对不同版本的兔本生做了分析,故事情节类似于舍身饲虎,自我牺牲的主题,讲述了佛陀生前化作白兔为救他人而自投火中以自身作为他人食物的故事。文中总结出五个版本的情节特征,自焚情节五个版本故事均有提及,只有《大唐西域记·婆罗尼斯国》(吐鲁番回鹘文印本《兔王本生》)中谈到"月轮之兔",兔子投入火中毛发无损,帝释天告诉兔子真相,用山汁在月轮上画了个兔子的想象。夏鲁寺兴建于11世纪初至14世纪扩建,时间段主要集中在元代的夏鲁寺兔本生壁画中出现了月中之兔在捣药的形象,该寺在建筑、雕塑、壁画上都展现出明确的汉文化特征,壁画中兔子投火的场景是对印度佛教文本的诠释,而"月兔捣药"的形象是汉文化道教中的故事情节,与太阳中的金乌相对,兔子在月亮里捣长生不老药,表示金丹修炼的阴阳协调。

在新疆克孜尔石窟兔本生保存较好的第14窟中,一只俯身于一堆柴火上的白兔,身体周边燃起一圈滴珠形火焰纹,火焰形滴珠兔纹在元代永乐宫壁画中也有相似造型表现(图5-30)。而此滴珠形窠内饰一卧兔散搭图案与一块私人收藏的"卷草地滴珠兔纹纳石失"织金锦纹样极为相似(图5-31),有些学者认为此题材反映的是元代贵族对本民族游牧文化的崇尚,属于"春水秋山"题材的一种,比较佛教壁画兔本生相似造形,滴珠火焰团窠兔纹则表现的是佛教兔本生故事。火焰滴珠兔纹主要出现于纳石失中,而织造纳石失的工匠主要为信奉伊斯兰教的西域工匠,为什么西域工匠会织造佛教题材形象,或许也如汉藏文化交融的夏鲁寺一样,反映了不同宗教之间的交流借鉴。[2]

图5-30　元永乐宫壁画中的珠搭兔纹

图5-31　元滴珠窠兔衔灵芝纹纳石失(私人收藏)

[1]　释慧琳,一切经音义[M].上海:上海古籍出版社上卷,1986:484.

[2]　刘珂艳,元代织物中兔纹形象分析[J].装饰,2012(10):125-126.

（四）绘画题材

元代纺织品中出现的兔纹有一类画面具有情节性,如集宁路古城遗址出土的刺绣"满池娇"纹罗夹衫上的兔纹小景画面构图中出现的山石、树木如一幅中国画,北宋崔白的《双喜图》画面构图与织物中的兔纹小景,回首的兔子与树上的喜鹊,以及环境元素极为相似,画名为双喜,表明具有美好的寓意,此构图形式还可见于金银器装饰中,如湖南临澧新合窖藏出土元代金灵芝瑞兔纹牌环,表明具有吉祥寓意的绘画构图作为粉本,直接运用于当时不同品种装饰中(图5-32、图5-33)。

图5-32　元金灵芝瑞兔纹牌环　　　　图5-33　北宋崔白《双喜图》
（湖南临澧新合窖藏出土）

三、兔纹形象特征

（一）单兔

元代纺织品中的单兔形象较多,装饰于不同窠形或情节性画面,兔形分为两种姿态:一种为奔跑状,多运用于表现"秋山"纹;另一种为蹲坐回首静态造型,多为表现吉祥主题。

（二）多兔

元代纺织品中以单兔形象为主,多只兔子组合在一起的形象较少,克利夫兰博物馆藏兔纹纳石失,四只兔子共用耳朵组成团窠形象展现了元代兔纹的多种造型。相比元代其他工艺品中还有三兔及双兔装饰形象,表明兔纹具有吉祥寓意,在元代受百姓喜爱而流行。如安徽青阳市文物管理所藏带座三兔瓶(图5-35),高26厘米,主题图案表现的是兔子与如意卷草纹,兔子或站立远望,或警觉的回首张望,用笔概括娴熟。此外还有双兔形象,北京文物店征集一件元青花双兔盘(图5-37),以左右对称的构图形式,主题纹样为双兔、苍松、钩月、山石、灵芝等,纹样构图形式及造型、笔法明显源自花鸟画,如辽代佚名绘竹雀双兔图(图5-34)。兔纹对称构图形式在伊斯兰风格瓷盘装饰纹样或者蒙元马鞍装饰中都有出现(图5-36),左右对称构图应是源于萨珊波斯时期的构图形式,但具有情节的绘画式构图,又不同于伊斯兰青花瓷盘图案式缠枝花满地构图,展现了多重文化对元代兔纹形象的影响,如图5-38、5-39加入了中原文化的灵芝山石元素。

（三）辅助装饰

兔纹不论是表现游牧题材"秋山",还是受中原文人偏爱残月古松下嬉戏的双兔,纹样构图中都加入了中国画中常用的假山、灵芝造型元素,表明中原文化特别是宋代花鸟画的发展对元代兔纹的影响。

图 5-34 辽佚名竹雀双兔图

图 5-35 元带座三兔瓶（安徽青阳市文物管理所藏）

图 5-36 伊斯兰风格双兔瓷盘

图 5-37 元青花双兔盘

图 5-38 元鹰兔胸背中的灵芝山石局部

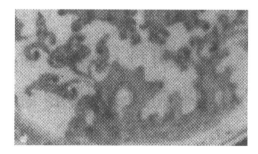

图 5-39 元双兔盘中的灵芝山石局部

　　分析元代兔纹形象概括体现了三种文化因素：道教、佛教和游牧文化。元纺织品中兔形象的佛教文化因素常被忽视，更强化了游牧民族文化的影响。虽然在元代织物中也会用奔兔形象表现"秋山"，但也不尽全是表现这唯一主题，"玉兔捣药"表现的汉道教故事，"滴珠火焰团窠兔纹"则受佛教兔本生故事影响，体现了元代多元文化相互交融的特征。兔纹形态及背景元素都直接源自中原绘画中兔纹形象，构图中逐渐加入更多中原形象元素。

第五节　植物纹样

中原植物装饰题材自南北朝时随佛教传入而兴起,经唐代的发展至宋代进入全盛时期。宋人崇尚雅致生活,养花、赏花成为文人生活中的一部分,加上宋代成立画院促进了花鸟画的发展,使得装饰纹样中植物题材成了重要组成部分。在此背景下,元代游牧民族虽然更关注动物以及祥瑞神兽题材,但植物纹样仍然是装饰纹样中常见的装饰主题。元代纺织品中出现频率最高的植物纹样为牡丹纹和莲花纹。

一、牡丹纹

唐朝人便对牡丹情有独钟,但唐代织物中的牡丹纹以团窠构图为主,具有图案化特征。元代纺织品中牡丹纹强调其写实性,主要有折枝花和缠枝花造型,最为常见形象为缠枝牡丹纹,以写实性自由翻卷的藤蔓为骨骼,连接写实风格的花头、叶子以填补藤蔓间的空隙。牡丹具有富贵的吉祥寓意,既可以单独题材出现也常与其他祥禽瑞兽组成图案,如"凤穿牡丹"。在同时期青花瓷等其他工艺品装饰或辽、金时期瓷器装饰中牡丹纹同样是流行题材。

(一)缠枝牡丹(表5-23)

表5-23　缠枝牡丹形象比较

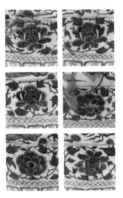

元青花中的牡丹纹图

南宋褐色绫上牡丹纹(福州黄昇墓出土)

宋牡丹纹罐图(英国巴斯东亚艺术馆藏)

宋婴戏牡丹纹绫(美国纽约大都会博物馆藏)

辽缠枝牡丹鸾鸟镜

辽牡丹纹绫

　　元代纺织品中缠枝牡丹组织变化较为自由,牡丹花头形象延续宋代的造型特征,多以正侧面造型,花瓣层次少,通过套色变化表现花瓣的翻转,并且织物中以折枝花为图案单元通过翻转连接构成满地效果。

　　牡丹纹装饰元青花瓷主要为边饰,或与祥瑞组合成适合纹样及开光等构图形式出现。瓷器中的牡丹花头造型较织物中的花头形象更为多变,如花瓣层次更多,花头有正侧面、仰视和俯视三种角度,通过波状枝干一仰一俯将花头串连起来,利用渲染技法或结合刻花工艺表现出花瓣立体感。相比织物中的牡丹花仅能通过花瓣边缘翻转的线条或变换色彩表现花朵立体效果。牡丹纹花头的视角变换造型及缠枝构图形态与福建黄昇墓中出土的南宋缠枝牡丹纹极为相似,加入渲染笔法强化了立体感,因元青花绘制手法更加灵活便于细节表达,缠枝牡丹花形象更为生动。辽代纺织品中缠枝满地牡丹纹构图紧密,更具有唐代卷草纹涌动的气韵,花头叶瓣层层包裹造型平面化,花叶筋脉翻转写实,强调枝蔓自然形态,枝干隐蔽在花叶间形成满地效果,相比南宋时期缠枝牡丹纹疏朗有致的构图,辽代牡丹纹更具图案化。

(二)折枝牡丹(表5-24)

　　折枝牡丹形象多为花芯变化的侧面牡丹,配上倾斜弯曲枝干,形成动态自然又具有装饰韵味的形象。元代纺织品中的牡丹花造型特征源于多重因素的影响:

　　1. 宋代写实绘画风格的影响

　　宋代设立皇家画院至上而下地影响了当时装饰风格及社会审美趣味,官方主持编写《宣和画谱》《宣和书谱》,促进了当时的绘画发展,画谱中强调气韵生动,也体现在宋代花卉造型上,形成宋以写实风格为主的折枝牡丹花造型。元代牡丹花瓣和叶片生动的翻转,以及枝干的自由穿插都沿袭宋牡丹花造型特征。

　　2. 中原文化表现吉祥寓意的诉求

　　牡丹花自唐代流行开来已冠上富贵的象征,与不同的祥瑞组合形成不同的谐音有不同的美好寓意。缠枝牡丹纹灵动自如加上吉祥美好的寓意成为后期广为流传的图案,明清时期纹样造型更加程式化、装饰性胜于其写实性,花头特别是花芯的正侧、俯视、半侧三个角度的造型逐渐成为固定组合造型。

　　3. 伊斯兰教文化影响

　　缠枝牡丹的满地效果应源于伊斯兰教风格的影响。

表5-24　折枝牡丹形象比较

宋定窑印花78牡丹纹

辽牡丹纹刺绣枕顶

西夏黑釉剔花牡丹纹瓶（故宫博物院藏）

金红绿彩牡丹纹碗（日本东京国立博物馆藏）

元孔雀牡丹纹四系扁瓶（伊朗巴斯坦国家博物馆藏）

元棕色罗花鸟绣夹衫局部
（元代集宁路古城遗址出土）

　　总结元代牡丹纹造型发展脉络，宋代流行的折枝牡丹纹至元代受多重文化因素影响，发展为细密的缠枝牡丹纹，并常作为地纹成为连接众多祥瑞的载体。牡丹花头造型逐渐确定下来，有正侧面、半侧面、俯视角度造型，缠枝牡丹形象一直流传至明代并成为流行纹样。

二、莲花纹

　　元代纺织品中流行的"满池娇"和"春水"都是由莲花池塘小景组成，归纳纺织品中单纯装饰莲花形象主要为折枝莲，构图形式有团窠、滴珠窠、散点满地和长条边饰构图。折枝莲形象与折枝牡丹造型相近，由倾斜弯曲枝干配上侧面莲花花头，形象写实自然。根据形象细分折枝莲花又可分为"一把莲"形象，为宋代流行纹饰。

（一）折枝莲花（表5-25）

　　魏晋时期莲花纹随佛教的发展而流行，唐代佛教经变壁画中池塘盛开的莲花纹姿态更加生动，但莲花花头造型具有图案式平面化处理特征。辽代纺织品中已出现的莲花纹花头更多地保留唐代图案式的形态，即便是较为写实的一束莲花形象，荷叶及荷瓣的处理上还是较为平面化。宋代"一把莲"是在辽代表现莲池小景的荷花基础上发展而来，形象更加强调生动自如的自然形态。"一把莲"是将折枝莲花、莲叶、莲蓬、茨菰等水生植物，用丝带束成一把的形象，宋代非常流行，辽代刺绣纹样也有相似形象,莲花荷叶姿态略现生硬,在元代纺织品及元青花瓷中都有用丝带将莲花、荷叶、莲蓬等系成一束的形象。元代莲花纹组合呈多样化,有单独作为主题装饰,也可作为边饰纹样衬托呼应。

表 5-25 折枝莲形象比较

折枝莲	 宋瓷莲花纹	 金剔花莲花盘
折枝莲	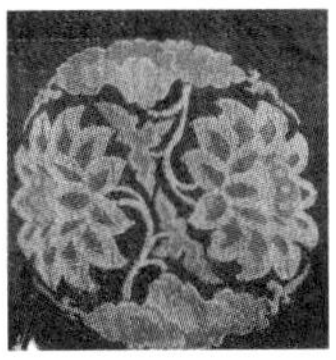 宋重莲锦(新疆阿拉尔出土)	 辽刺绣花蝶纹罗荷包(梦蝶轩捐赠)
一把莲	 宋砖雕莲纹	 金莲花纹枕
	 西夏敦煌图案	 宋刻花瓷枕
	 辽刺绣莲荷纹罗裙摆	 元棕色罗花鸟绣夹衫(内蒙古集宁路古城遗址出土,内蒙古博物馆藏)

（二）缠枝莲花（表5-26）

表5-26　缠枝莲形象比较

元莲花杂宝纹菱口大碗（土耳其托普卡伯博物馆藏）	元缂丝花卉袍（私人收藏）

　　缠枝骨架是元代常见装饰构图形式，元代纺织品中的缠枝莲花纹常穿插禽鸟或散点构图并无缠枝骨架，或与其他花卉一起组成四季花卉纹，单纯莲花题材的缠枝莲花形象并不多见。元代青花瓷中的缠枝莲花纹主要装饰于盘、碗中心部位，形象实为折枝莲花周遍布满缠枝发展而成，与纺织品中的缠枝莲花形态相近。

　　莲花纹作为佛教净土的象征，在流传过程中必然也吸收不同文化因素的影响，如元青花瓷中莲花纹出现有独具特点的变形莲瓣莲花纹，莲瓣内装饰杂宝或其他纹样，此形莲花纹在元代纺织品中并未出现。有学者认为元青花中的变形莲瓣纹源于西亚金银器，是从萨珊波斯建筑拱门蜕变而来的，但这个观点忽略了元代时期浮梁瓷局还不能称作御窑，只是官搭民烧订做皇家用品，主要制作工匠为当地百姓，他们对萨珊波斯建筑拱门并无形象概念。虽然当时青花瓷纹样有可能来自宫廷粉本，并且确有信俸伊斯兰教的织工为皇家服务，但是变形莲瓣纹在元代纺织品中目前并未发现，因此元青花中出现变形莲瓣纹莲瓣中多装饰杂宝，其影响来源或许因藏传佛教的影响。[1]

　　莲花纹是元代纺织品重要植物装饰题材，但形象更多的是与禽鸟或其他花卉组合出现，单纯装饰莲花纹形象不多，造型主要承袭宋代流行的"一把莲"和折枝莲花造型，或将折枝莲花紧密排列构成缠枝莲花效果。元代纺织品中莲花纹更多出现于"春水"和"满池娇"题材。

---

[1]　刘珂艳.元代青花瓷器中变形莲瓣纹之来源[J].中国陶瓷,2007(12):68-69

第六章

元代纺织品纹样反映的文化特征

　　元代纺织品纹样的形成与发展离不开当时社会文化背景的影响,宗教是文化的一个重要组成部分,两者相互渗透、相互影响,元代多元文化并存以及对宗教信仰自由的开放政策都对元代纺织品纹样形成产生影响。蒙古人作为处于奴隶制阶段的游牧民族,经济、文化相对落后,元代周边却并存着几个高度发展的封建文明,如东欧的基督教文化,伊朗高原的伊斯兰文化,亚洲南部悠久的印度文明以及中原地区深厚的汉族文化,蒙古人用武力征服了大片西欧大陆疆域,同时,他们也被当地的先进文化所征服,不得不推行宗教信仰自由多元的政策。另一方面,颠覆传统以汉族为正统,视少数民族为蛮夷的民族观念,确立了少数民族政权的正统地位,并逐渐推行宗教信仰宽容的政策,宗教信仰呈多元化发展。蒙古族主要信仰萨满教,之后成吉思汗西征途中逐渐接受了佛、道、基督教、伊斯兰教等,这些文化之间相互交融,许多因素相通并存,元代纺织品中装饰纹样正是多元文化共同影响的结晶。

　　据记载"至元十四年十一月,钦奉圣旨,节该成吉恩汗皇帝、哈罕皇帝圣旨里,和尚、也里可温、先生,不拣甚么休着著,告天与俺每祝寿、祈福者,么道的有来,如今依着在先圣旨体例里,不拣甚么,休着者,告天与俺每祝寿,祈福者。"[1]表明元代政权阶层对不同宗教信仰的理解,同样在元代纺织品纹样中也展现了不同宗教文化的影响。

---

[1]　元典章.礼部卷六,典章三十三中《释道·道教》中载"宫观不得安下".

第一节　元代纺织品纹样反映的中原文化特征

一、宋代文化对元代纺织品纹样的影响

元代政权建立之前,中原经历了汉文化空前发展的宋代,必然为元代社会文化发展带来深刻影响。宋代科举制推动了民间学习文化的热情,加上宋代造纸技术及印刷业的飞速发展,为文化的普及创造了必要条件,使得宋代文人群体空前壮大,之中的精英人物不仅入朝为官,且能诗会画,如欧阳修、"三苏"、王安石、黄庭坚、范仲淹等,特别是宋代皇家画院的设置直接自上而下的影响了当时社会的审美趣味及艺术主张,形成了崇尚自然写实的审美趣味,反映在宋代纺织品装饰纹样上表现为追求自然写实风格的折枝花造型增多,纹样构图疏朗盈动,纹样用色雅致。宋代商业贸易也繁荣发展,著名的《清明上河图》即是对北宋汴京经济发展的最好写照。商业贸易的繁荣也促进了市井文化的发展,反映在宋代纺织品装饰纹样上表现为使用追求美好生活的吉祥纹样。宋代儒家文化影响形成的装饰风格也不可避免地影响到元代纺织品纹样的形成,如元代纺织品纹样中直接保留了宋代"渔樵耕读"的装饰题材。

中国思想史上的"理学",产生、成熟于两宋,元代疆域的拓展使得理学由南至北发展,并由原先士大夫阶层发展至普通民众及元朝统治阶层,地方官吏通过兴建学校和庙宇,移风易俗,息讼劝农等方式推行"理学"观念的普及。对于社会层面的教化作用也逐渐显示出来,深受民众喜爱的小说、戏曲、讲史在社会上发展起来,通过民众喜爱并乐于接受的形式将理学伦理逐渐渗透到普通民众的日常行为中,成为其道德观、价值观的核心层面。如元杂剧中爱情剧《西厢记》《望江亭》《秋胡戏妻》《汉宫秋》等,冤狱剧《窦娥冤》,豪杰剧《赵氏孤儿》《追韩信》《单刀会》《李逵负荆》等经典剧目引导了社会价值观、审美观的形成,百姓们逐渐形成理想中的美好生活模式,并在现实生活中直接表现出对理想中的美好生活的向往,具体在元代纺织品装饰纹样中便是在纹样中尽量体现吉祥寓意,如夫妻恩爱、子孙满堂、升官发财、福禄寿全等心愿。《易经》:"变化云为吉事有羊。"《庄子·人间世》记云:"虚室生白,吉祥止止。"成玄英注疏:"吉者,福善之事;祥者,嘉庆之证。"在元代纺织品中可以看到许多中原文化中对吉祥寓意的表现,如松树奔鹿、如意形灵芝组合寓意长寿、禄、如意。鹿与柏树组合意为"百禄",与桐树组合意为"同春",《述异记》云:"鹿千年化为苍,又五百年化为白。"表明鹿是长寿的象征。《诗经》中,《小雅·鹿鸣之什·天保》:"天保定尔,俾尔戬毂。罄无不宜,受天百禄。降尔遐福,维日不足。"山东邹城李裕庵墓出土的"梅鹊方补",应为流传至今的"喜上眉梢"的雏形。同墓出土的绛色绸方巾,中心织有手托盛灵芝盘的寿星,旁边配以"寿山福海""金玉满堂"的文字,图文并茂的寓意吉祥。元代流行的婴戏纹展现了人们多子多福的美好向往,此题材在西夏、辽的纺织品中都有表现。我国求子习俗源远流长,可追溯到《周礼·地官·媒氏》对远古春游习俗的记载。特别是儒家思想中"孝"首先意味着生育繁衍,《孟子·离娄》中说"不孝有三,无后为大",没有后人被认为是最大的不孝,因此希望多子多孙家族人丁兴旺为人们乐于表现的装饰题材,在元代纺织品纹样中均有展现。

北宋末期至元代流行的文人画,以物喻志表达自己追求高洁的品格,以及在当时社会环境下过隐逸的生活表明自己做人的气节,回避现实生活仕途不畅和无奈。画的象征意义远大于装饰效果,促进了吉祥纹样的发展,之后吉祥图案发展至明清时期成为宫廷、官府、民间极为流行的装饰图案,图形寓意高度凝练程式化,反映社会各阶层人民对幸福生活的向往与追求,对元代纺织品纹样起到了很大的影响作用,如画家郑思肖所画著名的无土兰花《墨兰》,绘制兰花根不着地表示土地已为异族所夺,通过绘画表达画家本人虽漂泊不定、羸弱无力,但仍然怀抱一片孤忠。汉文化在外族统治者的环境下发展起来的表现士人气节的装饰纹样,产生了松、竹、梅组成的"岁寒三友",因松、竹、梅花都有抗寒的特性,具有极强的生命力,所以才称为"三友"。另有梅、兰、竹、菊构成的"四君子",菊花纹在宋代就为广大文人所喜爱,宋代纺织品、瓷器、金银器中都出现了不少菊花纹样,如南宋缂丝崔白三秋图,画面珊瑚石丛中生长一株菊花,雀鸟停于石上啄食,动静结合生动写实。辽、金时期的工艺品装饰纹样中也能捕捉到菊花纹形象,直至元代菊花成为超凡脱俗追求隐逸生活人生态度的代言形象,被赋予诸多高尚品质,在元代绘画中作为文人画乐于表现的题材之一。元代文人画在宋代花鸟画的基础上得以发展,当时遗民画家所画的忠于宋室的暗示的表达方式,开辟了元代装饰图案向"图必有意,意必吉祥"的吉祥图案发展新方向(图6-1、图6-2)。

图6-1 西夏缂丝婴戏黑城出土

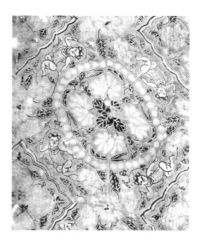

图6-2 西夏方胜婴戏印花绢(银川拜寺口双塔出土宁夏博物馆藏)

二、道家文化对元代纺织品纹样的影响

自北宋以来对道教尊崇备至,特别是宋徽宗时期将道教发展推向了高潮,这位设立画院自创瘦金体的皇帝崇尚道教,因此道教对当时社会艺术审美及纹样造型的影响不言而喻,如赵佶的《瑞鹤图》展现了宫廷里养了许多仙鹤,仙鹤轻盈飞舞传递道家崇尚仙风道骨,向往长寿不老的永恒主题。与仙鹤相伴出现的松、竹、梅也成为当时表现长寿、祥瑞的流行装饰题材。特别是道教代表性纹样八卦纹在宋代建筑以及出土的宋代铜镜中应用较多,这应该归于人们相信八卦纹的辟邪保护功能,影响至元代纺织品上也出现了道教表现阴阳的双鱼纹。

元代道教中的全真教得到一定程度的发展,由于蒙古兴起后不断发动的战争使北方汉族人民生活于水火,全真教成为百姓麻痹现实苦境,寻求精神解脱的港湾。元代早期利用道教当时已有的势力缓和阶级民族矛盾,巩固统治地位。1220年,成吉思汗诏邱处机封为国师,命其总掌道教,使得道教在元代日趋兴盛。蒙古统治者最早批准道教具有免税特权,1223年,成吉思汗下诏免除道教赋税抬高道教地位。

元代纺织品装饰纹样中有明显源自道教的装饰纹样(图6-3),如金乌玉兔,金乌代表太阳,《淮南子》中记载:"日中有乌。"注云:"犹蚨也。

图6-3 元太极纹织金锦(私人收藏)

谓三足乌。"应该是承袭了隋唐以来皇帝礼服有"肩挑日月,背负星辰"的纹饰做法。长生不老是道家所不断探索追求的永恒主题,元代纺织品中与兔子组合出现的还有松、柏表现长寿的吉祥寓意。始于1247年修建的永乐宫,至1358年竣工历时110多年,壁画中人物神态各异栩栩如生,服饰纹样刻画精美,从另一面展现了元代纺织品纹样的发展状况。

三、佛教对元代纺织品纹样的影响

随着蒙元贵族征服区域的不断扩大,蒙元统治者由早期对道教的推崇逐渐转移到向佛教的倾斜。蒙哥汗时期初步奠定了佛教高于其他教派的地位,忽必烈立国建都后,在重视汉地佛教发展的同时将藏传佛教推崇为国教,1247年窝阔台汗之子阔端诺颜与西藏萨迦派首领萨迦班智达会晤,成为蒙古贵族接受藏传佛教的开端标志。[1]1253年(蒙古宪宗二年)萨迦派的八思巴在临洮为忽必烈夫妇传授萨迦派的喜金刚灌顶,正式成为忽必烈的上师,并管理后改为宣政院的总制院,管理全国佛教事务及统领吐蕃的政务和军事,对当时的政治文化发展起到重要推动作用,同时也起到了一些负面作用,如佛事之多,耗资巨大,建寺写经,劳民伤财,赏赐无度,舍本逐末,偷税漏税,僧之为最。[2]元代皇室对藏传佛教寺院和僧侣的赏赐数额也非常巨大,赐田产、金、银、钞、帛万计。据记载"至顺三年夏五月戊子"仅一次赏赐"遣使往帝师所局撒思吉牙之地,以珠织制书宣喻其属,仍给钞四千锭,币帛各五千匹,分赐之"。华丽的纳石失除了皇室贵族服用,赏赐大臣之外便是僧侣可以服用。

元朝统治者对藏传佛教的推崇,对元代装饰艺术的影响表现在全国大面积修建藏传佛教寺庙,并随着寺庙内供奉的雕塑、壁画、绘画、经卷等载体广泛流传,因而藏传佛教在建筑、雕塑、绘画等方面的成就也影响了元代织物装饰纹样,如火焰珠、八吉祥、卍字纹、杂宝等装饰题材都源于藏传佛教。公元14世纪,元代推崇的藏传佛教萨迦教派受尼泊尔风格的宗教艺术影响,并邀请尼泊尔艺术大师阿尼哥到萨迦寺建造金塔,卫藏地区的佛教绘画逐步形成了夏鲁风格,画面组织程式化,造型单元符号化,视觉效果平面装饰化。此外,藏传佛教绘制经书插图以及唐卡的制作都间接的对元代纺织品中的装饰纹样产生了影响。元代在市井文化发展的大环境下,纺织品装饰纹样吸收藏传佛教装饰元素中选用具有吉祥寓意的装饰纹样与汉文化相结合,展现人们追求幸福生活的美好诉求(图6-4)。

图6-4　元缂丝曼荼罗唐卡(美国大都会博物馆藏)

第二节　元代纺织品纹样反映的多元文化特征

一、元代纺织品纹样反映的西域游牧民族文化特征

蒙古游牧民族建立的元代政权必然在装饰纹样中展现游牧民族文化特色,元代贵族尚金以及对

---

[1]　薛学仁.元代宗教政策的演变及其特点[J].陕西师大学报(哲学社会科学版),1994(3):97.

[2]　王启龙.藏传佛教在元代经济中的作用[J].中国藏学,2002(1)

白色、蓝色等色彩的偏爱淋漓尽致地反映在纺织品纹样中,如织金、印金、绘金等多种用金手法表现纺织品纹样也是元代一重要时代特征。鹰是游牧民族的捕猎工具,元代贵族视为宠物非常重视其繁育,在元代纺织品纹样中也展现了鹰的影响元素,反映至元代装饰纹样中凤鸟头部具有鹰的凶猛特征,并且表现游牧民族春秋狩猎的"春水秋山"纹样中鹰成为不可或缺的点题形象,飞鹰捕天鹅、飞鹰捕兔及鹿的形象,生动地展现出游牧民族以狩猎为主的生存方式。元代沿袭金代的舆服制度,而早在《辽史·营卫志》已记载了反映春季猎捕天鹅的情景,这些都表明元代纺织品纹样中的游牧文化影响是辽、金、西夏不同游牧民族长期相互交融影响下形成的造型特征。特别是蒙古族、契丹族、女真族最早的原始信仰都为萨满教,元代凤鸟鹰嘴凶猛的造型特征在辽代凤鸟形象中,以及龙形头小、上吻长、颈如蛇的形象特征同样存在。共同的宗教信仰、相同的生活方式以及长期稳定的民族间交融形成了游牧民族共同审美趣味,体现在纺织品纹样上即具有一些共同的造型特征。

二、元代纺织品纹样反映的中亚细亚文化特征

中亚细亚文化由于丝绸之路经济贸易交流使得这一地区文化因素非常复杂,近有印度佛教影响、波斯文化影响等,远有古希腊罗马文化、古埃及文化、欧洲文化等影响。反映在元代纺织品纹样上具有明显源自中亚文化的装饰纹样,如格里芬、双头鸟等纹样,这些纹样在发展过程中因多样文化的交流而不断变化。如古印度教中的蛇与金翅鸟之间的斗争故事有学者认为源自希腊神话中盖尼米德(Ganymedes)的故事,盖尼米德是特洛伊王的儿子,绝世美少年,宙斯化作鹰将其掳上天庭成为宙斯神的侍酒。这个故事题材在犍陀罗艺术雕刻、萨珊艺术金质花瓶、克孜尔壁画中都有表现此故事题材,劫持男孩者有被描绘成双头鹰,在新疆东部以及吐鲁番绿洲的一些寺庙中,描绘成金翅鸟挟持一个孩子,在较晚期的库车藻井壁画中,金翅鸟王成为双头人形鸟了。[1]因此出现在元代纺织品中的格里芬、双头鸟等纹样是多种文化相互交融的结果。

元代是伊斯兰教在中国内地发展的重要时期。当时伊斯兰教信仰者善于贸易,同时在天文、建筑的突出贡献等,使得伊斯兰教信仰者在元代予以很高的地位,掌权者常任用伊斯兰教信仰者位于经济发展要职,使伊斯兰教审美趣味能够对元代社会产生重要影响。如伊斯兰教崇尚的绿色在元代备受欢迎,伊斯兰教视苍鹰为保护神,装饰纹样繁密留白少,反对偶像崇拜而大量使用缠枝植物纹及文字装饰等特征,这些装饰形象特征在元代纺织品纹样上都有展现。元代纺织品中受贵族喜爱的纳石失,其主要织工便是信仰伊斯兰教织工,成为纳石失织物装饰中所体现出的外来文化的主要传播者,体现在纺织品中不仅出现有阿拉伯语织工姓名(图6-5),伊斯兰艺术中的细密构图风格,带状边饰的构图形式也成为元代纺织品纹样装饰特征之一。

图6-5　元织金锦上所织工匠姓名(瑞士阿贝格基金会藏)

[1]　[德]阿尔伯特·冯·勒克科. 中亚艺术与文化史图鉴[M].赵崇民,巫新华,译. 北京:中国人民大学出版社,2005;35.
[2]　刘鸣.伊斯兰教在中国的传播[D].北京:对外经济贸易大学,2004;8.

参 考 文 献

［1］［明］宋濂.元史.(1-15)［M］.北京:中华书局,1976.

［2］元典章.至志二年(1322)

［3］［清］汪辉祖.元史本证［M］.北京:中华书局,1984.

［4］［元］陶宗仪.南村辍耕录［M］.北京:中华书局,2004.

［5］［明］叶子奇.草木子［M］.北京:中华书局,1997.

［6］［宋］孟元老东京梦华录笺注［M］.伊永文,签注.北京:中华书局,2006.

［7］［金］刘祁撰.归潜志［M］.北京:中华书局,2007

［8］［元］王恽,［元］杨瑀.玉堂嘉话 山居新语［M］.杨晓春,余大钧,点校.北京:中华书局,2006.

［9］［元］薛景元.梓人遗制［M］.郑巨欣,注释.北京:中华书局,2006.

［10］［明］宋应星.天工开物.［M］.北京:中国社会出版社,2004.

［11］［唐］慧琳,一切经音义［M］.上海:上海古籍出版社,1986

［12］韩儒林.穹庐集［M］.石家庄:河北教育出版社,2000.

［13］王国维.观堂集林［M］.石家庄:河北教育出版社,2001.

［14］蒙思明.元代社会阶级制度［M］.上海:上海世纪出版集团,2006.

［15］陈垣.元西域人华化考［M］.上海:上海世纪出版集团,2008.

［16］李幹.元代社会经济史稿［M］.武汉:湖北人民出版社,1985.

［17］陈高华.元史研究新论［M］.上海:上海社会科学出版社,2005.

［18］史卫民.元代社会生活史［M］.北京:中国社会科学出版社,1996.

［19］陈高华,史卫民.中国风俗通史元代卷［M］.上海:上海文艺出版社,2001.

［20］张邦炜,朱瑞熙,蔡崇榜,等.宋辽西夏金社会生活史［M］.北京:中国社会科学出版社,1998.

［21］叶坦,蒋松岩.宋辽夏金元文化史［M］.上海:东方出版中心,2007.

［22］阎崇东.辽夏金元陵［M］.北京:中国青年出版社,2004.

［23］李治安.忽必烈传［M］.北京:人民出版社,2004.

［24］陈开勇.宋元俗文学叙事与佛教［M］.上海:上海古籍出版社,2008.

［25］马可波罗行纪［M］.冯承运,译.上海:上海世纪出版集团,2006.

［26］［法］勒内.格鲁塞.草原帝国［M］.北京:商务出版社,2004.

［27］蒙古秘史［M］.李威,译.石家庄:河北人民出版社,2007.

［28］刘迎胜.元史及民族与边疆研究.集刊(18集)［M］.上海:上海古籍出版社,2006.

［29］刘迎胜.元史及民族与边疆研究.集刊(19集)［M］.上海:上海古籍出版社,2007.

［30］刘迎胜.元史及民族与边疆研究.集刊(20集)［M］.上海:上海古籍出版社,2008.

［31］［日］内田吟风,等.北方民族史与蒙古史译文集［M］.余大钧,贾建飞,译.昆明:云南人民出版社,2003.

［32］赵丰.中国丝绸通史［M］.苏州:苏州大学出版社,2005.

［33］赵丰.中国丝绸艺术史［M］.北京:文物出版社,2005.

［34］赵丰.辽代丝绸［M］.香港:沐文堂美术出版社有限公司.2004.

［35］赵丰,金琳.纺织考古［M］.北京:文物出版社.2007.

［36］沈丛文.中国古代服饰研究［M］.北京:北京图书馆出版社,2001.

［37］缪良云.中国衣经［M］.上海:上海文化出版社,2000.

［38］陈娟娟.中国织绣服饰论集［M］.北京:紫禁城出版社,2005.

［39］［日］城一夫.孙基亮.西方染织纹样史［M］.北京:中国纺织出版社,2001.

［40］吴山.中国工艺美术大辞典［M］.南京:江苏美术出版社,1988.

［41］田自秉.中国工艺美术史［M］.北京:东方出版社,1996.

［42］田自秉,吴淑生,田青.中国纹样史［M］.北京:高等教育出版社,2003.

［43］尚刚.元代工艺美术史［M］.沈阳:辽宁教育出版社,1998.

［44］尚刚.唐代工艺美术史［M］.杭州,浙江文艺出版社,1998.

［45］向达.唐代长安与西域文明史［M］.北京:生活·读书·新知三联书店,1979.

［46］吴明娣.汉藏工艺美术交流史［M］.北京:中国藏学出版社出版,2007.

［47］元代藏汉艺术交流［M］.熊文彬,译.石家庄:河北教育出版社,2003.

［48］［意］伯戴克.元代西藏史研究［M］.昆明:云南人民出版社,2002.

［49］［法］海瑟.噶尔美.早期汉藏艺术［M］.熊文彬,译.石家庄:河北教育出版社,2001.

［50］［英］罗伯特.欧文.伊斯兰世界的艺术［M］.刘云同,译.孙宜学,校.桂林:广西师范大学出版社,2005.

［51］［德］阿尔伯特.冯.勒克科.中亚艺术与文化史图鉴［M］.赵崇民,巫新华,译.北京:中国人民大学出版社,2005.

［52］普加琴科娃·列穆佩.中亚古代艺术［M］.陈继周,李琪,译.乌鲁木齐:新疆美术摄影出版社,1994.

［53］杜哲森.元代绘画史［M］.北京:人民美术出版社,2000.

［54］扬之水,奢华之色——宋元明金银器研究［M］.北京:中华书局,2010.

［55］于小冬.藏传佛教绘画史［M］.南京:江苏美术出版社,2008.

［56］［日］城一夫.孙基亮.东西方纹饰比较［M］.北京:中国纺织出版社,2002.

［57］芮传明,余太山.中西纹饰比较［M］.上海:上海古籍出版社,1995.

［58］易思羽.中国符号［M］.南京:江苏美术出版社,2005.

［59］詹姆斯.霍尔.东西方图形艺术象征词典［M］.北京:中国青年出版社,2000.

［60］［英］杰克.特里锡德.象征之旅［M］.石毅,刘珩,译.北京:中央编译出版社,2000.

［61］赵丰.织绣珍品:图说中国丝绸艺术史［C］.香港:艺纱堂/服饰工作队,1999.

［62］赵丰,金琳.黄金.丝绸.青花瓷——马可.波罗时代的时尚艺术［C］.香港:艺纱堂/服饰工作队,2005.

［63］赵丰,尚刚.丝绸之路与元代艺术国际学术讨论会论文集［C］.香港:艺纱堂/服饰工作队,2005.

［64］赵丰.纺织品考古新发现［C］.香港:艺纱堂/服饰工作队,2002.

［65］周汛,等.中国衣冠服饰大辞典［M］.上海:上海辞书出版社,1996.

［66］［宋］郭若虚.图画见闻志［M］.杭州:浙江人民美术出版社,2013.

［67］扬之水.奢华之色:宋元明金银器研究［M］.北京:中华书局,2011.

［68］李威.蒙古秘史［M］.石家庄:河北人民出版社,2007.

［69］罗丰.胡汉之间——丝绸之路与西北历史考古［M］.北京：文物出版社,2004.

［70］张正旭.浅析辽代文物上的龙凤纹饰［M］.宋史研究论丛(第十一辑),石家庄：河北大学出版社,2010.

［71］多桑.多桑蒙古史(上)［M］.冯承钧,译.上海：上海世纪出版社,2006.

［72］丝绸之路与元代艺术：国际学术讨论会论文集［M］.香港：艺纱堂(香港)服饰出版,2005.

［73］中国美术全集 绘画编5元代绘画［M］.北京：文物出版社,1993.

［74］中国美术全集 雕塑编6元明清雕塑［M］.北京：文物出版社,1993.

［75］中国美术全集 工艺美术编7印染织绣上下［M］. 北京：文物出版社,1993.

［76］张道一.中国图案大系(1-6)［M］.济南：山东美术出版社,1993.

［77］敦煌莫高窟1-5.敦煌研究院［M］.北京：文物出版社,1999.

［78］元代壁画,神仙赴会图,景安宁［M］.北京：北京大学出版社,2002.

［79］北京市文物局.托普卡比宫的中国瑰宝——中国专家对土耳其藏元青花的研究［M］.北京：北京燕山出版社,2003.

［80］朱裕平.元代青花瓷［M］.上海：文汇出版社,2000.

［81］邵国田,敖汉文物精华［M］.呼和浩特：内蒙古文化出版社,2004.

［82］夏荷秀,赵丰.内蒙古乌兰察布盟达茂旗明水乡出土的丝织品［J］.内蒙古文物考古,1992.

［83］北京市文物组.北京双塔庆寿寺出土的丝棉织品及绣花［J］.文物,1958.

［84］甘肃省博物馆,等.甘肃漳县元代汪世显家族墓葬简报之一［J］.文物,1982.

［85］内蒙古文物考古研究所,等.内蒙古黑城考古发掘纪要［J］.文物,1987：1-23.

［86］李逸友.谈元集宁路遗址出土的丝织品［J］.文物,1979：37-49.

［87］潘行荣.元集宁路古城出土的窖藏丝织品及其他［J］.文物,1979(8)：32-35.

［88］隆化县博物馆.河北隆化鸽子洞元代窖藏［J］.文物,2004：4-25.

［89］王炳华.盐湖古墓［J］.文物,1973：28-36.

［90］白冠西.安庆市棋盘山发现的元墓介绍［J］.文物参考资料,1957：55.

［91］无锡市博物馆.江苏无锡市元墓中出土一批文物［J］.文物,1964(12)：52-60.

［92］山东邹县文物保管所.邹县元代李裕庵墓清理简报［J］.文物,1978(4)：14-19.

［93］王轩.谈李裕庵墓中的几件刺绣衣物［J］.文物,1978(4)：21-29.

［94］苏州市文物保管委员会,苏州博物馆.苏州吴县张士诚母曹氏墓清理简报［J］.考古,1965.

［95］赵丰.苏州曹氏墓出土丝织品鉴定报告［J］.中国丝绸博物馆鉴定报告第16号,1999.

［96］重庆市博物馆. 四川重庆明玉珍墓［J］.考古,1986,(9)：827-833.

［97］江西永丰县元代延祐六年墓［J］.文物,1978(7)：85-87.

［98］尚刚.元代丝织物的用色与图案［J］.图案,1985(4)：10.

［99］尚刚.中土初起西南风——元代汉地工艺美术中的藏传佛教因素［J］.装饰,2009(12)：62-66.

［100］尚刚.鸳鸯鸂鶒满池娇——由元青花莲池图案印出话题［J］.装饰,1995(2).

［101］尚刚.蒙、元御容［J］.故宫博物院院刊,2004(3).

［102］尚刚.有意味的支流——元代工艺美术中的文人趣味和复古风气［J］.中国艺术设计论丛,2002(107).

［103］尚刚.元代的织金锦［J］.传统文化与现代化,1995(6)：63-71.

［104］杨印民.纳失失与元代宫廷织物的尚金风习［J］.黑龙江民族丛刊,2007(2)：109-114.

［105］袁宣萍.元代的罗织物［J］.江苏丝绸,1991(6)：48-50.

[106] 袁宣萍. 元代的丝绸业 [J]. 丝绸史研究, 1988(5 卷 4 期 1-5).

[107] 袁宣萍. 春水秋山[J]. 浙江工艺美术, 2003(4):54-56.

[108] 杨伯达. 女真族"春水""秋山"玉考[J]. 故宫博物院院刊, 1983(2):9-16,69-99.

[109] 袁宣萍. 保存在日本的中国宋元丝织品[J]. 丝绸, 1995(2):47-50.

[110] 赵丰. 蒙元龙袍的类型及地位. [J]. 文物, 2006(8):85-96.

[111] 赵丰. 雁衔绶带锦袍研究[J]. 文物, 2002(4):73-81.

[112] 赵丰, 齐晓光. 耶律律羽之墓丝绸中的团窠与团花图案[J]. 文物, 1996(1):33-35.

[113] 赵丰. 球名织锦小考[J]. 丝绸史研究, 1987(1-2).

[114] 赵丰, 薛雁. 明水出土的蒙元丝织品[J]. 内蒙古文物考古, 2001(1):127-132.

[115] 赵丰, 袁宣萍. 辽代丝绸彩绘的技法与艺术[J]. 文博, 2009(6):348-353.

[116] 王乐, 赵丰. 敦煌丝绸中的团窠图案[J]. 丝绸, 2009(1):45-55.

[117] 许新国. 都兰吐蕃墓出土含绶鸟织锦研究[J]. 中国藏学, 1996(1):3-26.

[118] 林梅村. 青海都兰出土伊斯兰织锦及其相关问题[J]. 中国历史文物, 2003(6):49-55.

[119] 林梅村. 元宫廷石雕艺术源流(上、下)[J]. 紫禁城, 2008(6-7):206-215,194-203.

[120] 刘中玉. 元代池塘小景纹样略论[J]. 荣宝斋, 2009(2):80-89.

[121] 董晓荣. 敦煌壁画中的蒙古族供养人云肩研究[J]. 敦煌研究, 2011,3:46.

[122] 王岩. 论"织成"[J]. 丝绸, 1991(3):44-46.

[123] 张淑贤. 双狮球路纹锦套[J]. 紫禁城, 1988(2):48-49.

[124] 刘新园. 元青花特异纹饰和将作院所属浮梁瓷局与画局[J]. 景德镇陶瓷学院学报, 1982(1):9-20.

[125] 邢捷, 张秉午. 古文物纹饰中龙的演变与断代初探[J]. 文物, 1984(1):75-80.

[126] 乌思. 论我国北方古代动物纹饰的渊源[J]. 考古与文物, 1984(4):46.

[127] 王轩. 谈李裕庵墓中的几件刺绣衣物 [J]. 文物, 1978(4).

[128] 李零. 论中国的有翼神兽[J]. 中国学术, 2001(1):62-134.

[129] 李零. "方华蔓长, 名此曰昌"——为"柿蒂纹"正名[J]. 中国国家博物院院刊, 2012(7):35-41.

[130] 李零. 宋以来的文人艺术[J]. 书摘, 2008(3):115-116.

[131] 李仲元. 中国狮子造型源流初探[J]. 社会科学辑刊, 1980(1):108-176.

[132] 宫艳君. 隆化鸽子洞元代窖藏中的纳石失[J]. 文物春秋, 2008(4):71-73.

[133] 宫艳君. 隆化鸽子洞出土元代被面小考[J]. 文物春秋, 2006(6):66-68.

[134] 刘珂艳. 元代青花瓷器中变形莲瓣纹之来源[J]. 中国陶瓷, 2007(12):68-69.

[135] 朱天舒. 辽代金银器上的凤纹[J]. 内蒙古文物考古, 1997(1):33-36.

[136] 扬之水. 桑奇大塔浮雕的装饰纹样[J]. 敦煌研究, 2012(4):1-13.

[137] 董晓荣. 敦煌壁画中的蒙古族供养人云肩研究[J]. 敦煌研究, 2011,3:46.

[138] 罗易扉, 曹建文. 景德镇克拉克瓷开光装饰艺术的起源[J]. 中国陶瓷, 2006(9):80-81.

[139] 色音. 元代蒙古族萨满教探析[J]. 西北民族研究, 2010(4):111-118.

[140] 邱高兴. 史料翔实的元代佛教研究——中国佛教史:元代读后[J]. 浙江社会科学, 2007(5):220-222.

[141] 陈广恩. "泛滥赏赐"与元代社会[J]. 江苏社会科学, 2010(6):200-206.

[142] 杨印民. 元代环渤海地区的毛、麻、棉织业[J]. 内蒙古社会科学(汉文版), 2006(3):40-45.

[143] 容观琼.关于我国南方棉纺织历史研究的一些问题[J].文物,1979(8):50-53.

[144] 彭安玉.论黄道婆与长三角的崛起[J].中国农史,2004(3):52-56.

[145] 任宜敏.元代宗教政策略论[J].文史哲,2007(4):96-102.

[146] 朴文英.元代缂丝研究.丝绸之路与元代艺术国际学术讨论会论文集[M].香港:艺纱堂出版社,2006.

[147] 陈广恩."泛滥赏赐"与元代社会[J].南京:江苏社会科学,2010(6).

[148] 扬之水.桑奇大塔浮雕的装饰纹样[J].敦煌研究,2012(4):1.

[149] 吴佩英.从具象图案到抽象装饰纹样的演变:陕北东汉画像双龙穿璧纹的母题研究[J],民族艺术研究,2010(6):140.

[150] 陈平平.我国元代牡丹品种和数目的研究[J].南京晓庄学院学报,2009(3):57.

[151] 夏岚.从变形莲瓣纹看中西文化交流[J].装饰,2002(4):61.

[152] 邬德慧,王雪艳.婴戏纹在陶瓷装饰艺术中的演变[J].中国陶瓷,2010(1),69-71.

[153] 彭安玉.论黄道婆与长三角的崛起[J].中国农史,2004(3):52-56.

[154] 扬之水.曾有西风半点香——对波纹源流考.敦煌研究[J].2010(4):1.

[155] 罗易扉,曹建文.景德镇克拉克瓷开光装饰艺术的起源[J].中国陶瓷,2006,(9):80-81.

[156] 黄薇,黄清华.元青花瓷器早期类型的新发现:从实证角度论元青花瓷器的起源[J].文物,2012,11.

[157] 董晓荣.敦煌壁画中的蒙古族供养人云肩研究[J].敦煌研究,2011(3):46.

[158] 杨印民.纳失失与元代宫廷织物的尚金风习[J].黑龙江民族丛刊,2007(2):110.

[159] 苏伊乐.蒙古族传统图案的造型与寓意[J].内蒙古艺术,2005(1):61.

[160] 刘新园.元青花花纹与其相关技艺的研究,托普卡比宫的中国瑰宝:中国专家对土耳其藏元青花的研究[M].北京:北京燕山出版社,2000:91.

[161] 杨玲.元代丝织品研究[D].天津:南开大学,2001.

[162] 李敏行.元代墓葬装饰研究[D].天津:南开大学,2007.

[163] 卢辰宣.织金织物及织造技术研究[D].上海:东华大学,2004.

[164] 郑巨欣.中国传统纺织印花研究[D].上海:东华大学,2003.

[165] 张晓霞.中国古代植物装饰纹样发展源流[D].苏州:苏州大学,2005.

[166] 王韶华.元题画诗研究[D].杭州:浙江大学,2002.

[167] 赵琳.元明工艺美术风格流变[D].上海:复旦大学,2011.

[168] 施茜.元青花的造型与纹饰[D].苏州:苏州大学,2005.

[169] 苏西亚.论元青花瓷器装饰中的莲纹[D].北京:中央民族大学,2010.

[170] 裴元生.元明时期景德镇窑瓷器"云肩纹"发展研究[D].苏州:苏州大学,2009.

[171] 徐琳.元代钱裕墓出土的"春水"等玉器研究[D].南京:南京艺术学院,2002.

[172] 韩荣.有容乃大——辽宋金元时期饮食器具研究[D].苏州:苏州大学,2010.

[173] 王亚娟.宋元瓷器上的龙纹研究[D].长春:吉林大学,2005.

[174] 茅惠伟.蒙元时期(1206—1368年)丝织品种研究[D].杭州:浙江理工大学,2006.

[175] 谷莉.宋辽夏金装饰纹样研究[D].苏州:苏州大学,2011.

图3-99元缠枝菊花飞鹤花绫

图3-101 元内蒙古集宁路遗址出土棕色罗花鸟绣夹衫

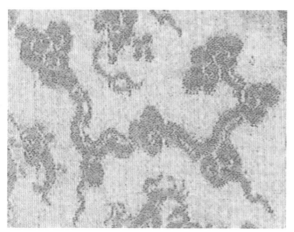

图3-102 元八宝云龙纹缎

图3-103 元红色灵芝连云纹

图3-104 元黄色云纹暗花缎

图3-105 元云纹花绫袍局部

图3-107 元湖色绫地彩绣婴戏莲

图3-108 元棕色罗花鸟绣夹衫局部人物装饰

图3-109 元棕色罗花鸟绣夹衫局部人物装饰

图3-111 元福禄寿绫巾

图3-113 元寿字云纹缎

图3-116 蒙古时期内蒙古达茂旗明水墓出土异样纹锦

图3-121蒙古时期织舍锦上龟背纹

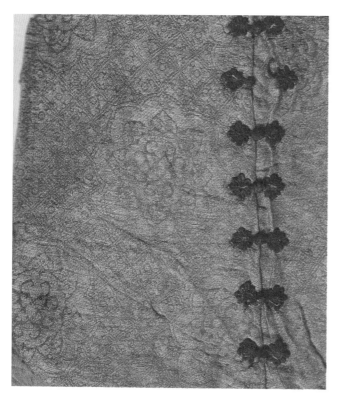

图3-118 元甘肃漳县汪氏家族墓出土菱格地团花织金锦

图3-131 元末至明初八达晕织金锦特结锦

图4-1 元印金方格花纹罗

图 4-3 元早期对龙对凤两色绫

图4-4 元滴珠窠绫

4-6 元菱格地花卉纹缂丝靴套

图4-8 元凤穿牡丹纹刺绣

图4-10 元凤穿牡丹纹刺绣

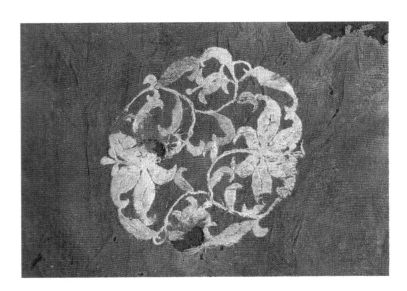

4-11 蒙古时期内蒙古镶黄旗哈沙图出土花绫刺绣团花百合

图4-12 元金铤菱格万字纹花绢
绵衣局部

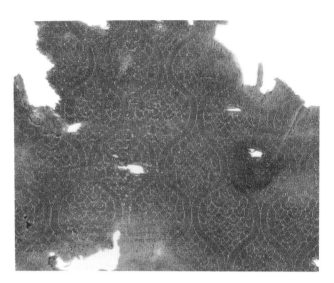

图4-13 元水波纹织金锦

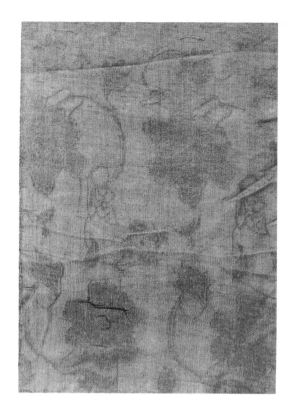

图4-14元初折枝花卉纹绫

图4-15 伊斯兰装饰砖缠枝花纹样

图4-16 元缠枝牡丹缎

图4-17 元马鞍上八曲海棠开光内装饰卧鹿纹

图4-18 元釉里红开光花卉纹盖罐

图4-20 元蒙元时期红地团窠对鸟盘龙织金锦

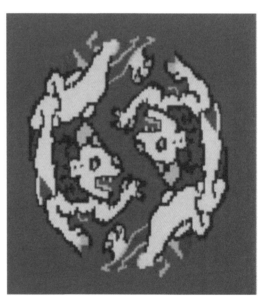

图4-22 唐红地团狮纹绫

图4-27 元暗花织金绫云肩宽摆袍肩部

图4-23 佩利斯纹样

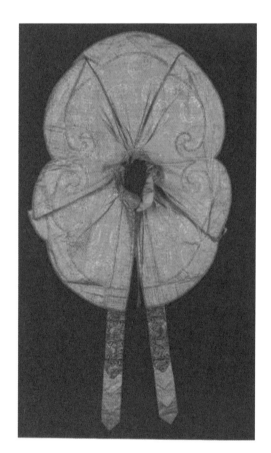

图4-29 元代织金锦佛衣披肩

图4-30 元缂丝玉兔云肩残片

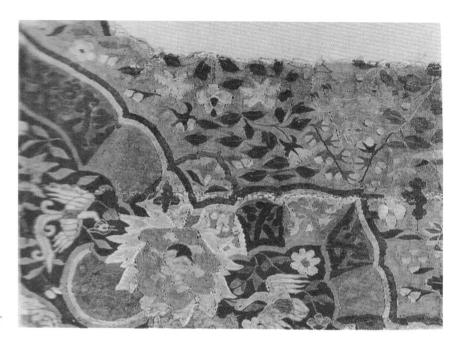

图4-31 元缂丝弯凤云肩鹿纹肩襕残片

图4-41 蒙古时期如意窠花卉纹锦

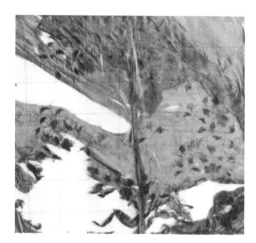

图4-45 刺绣胸背

图4-47 元印金罗短袖衫

图5-3 辽缂金山龙

图5-2 敦煌莫高窟109窟西夏王

图5-4 元 钱选《杨贵妃上马图》

图5-11 13世纪伊斯兰建筑装饰砖凤鸟形象

图5-12 13世纪伊斯兰建筑装饰砖凤鸟形象

图5-6明代龙凤穿花纹

图5-14 元缠枝牡丹绫地妆花金鹰兔胸背纹

图5-15 辽鹰逐奔鹿压金彩绣

图5-16元棕色罗花鸟绣夹衫

图5-17蒙元时期鹿纹方补

图5-21 辽内蒙古永庆陵壁画上春水场景

图5-22 辽代嵌宝石鎏金包银漆盒

图5-23辽代嵌宝石鎏金包银漆盒

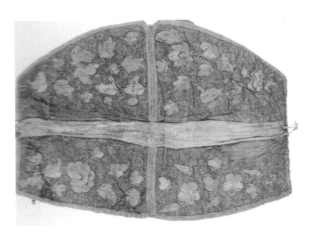

图5-24 元荷花鸳鸯刺绣护膝

5-25 棕色罗花鸟绣夹衫局部

5-26 刺绣莲塘双鸭元绫地平绣边
用环针绣

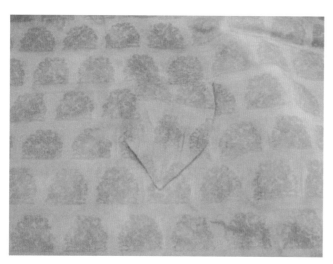

图5-20 元万字地双兔纹

图5-23元永乐宫壁画中的珠搭兔纹

图5-24元滴珠窠兔衔灵芝纹纳石失

图5-27 辽佚名竹雀双兔图

图5-31 元鹰兔胸背中的灵芝山石局部

图6-1 西夏缂丝婴戏黑城出土

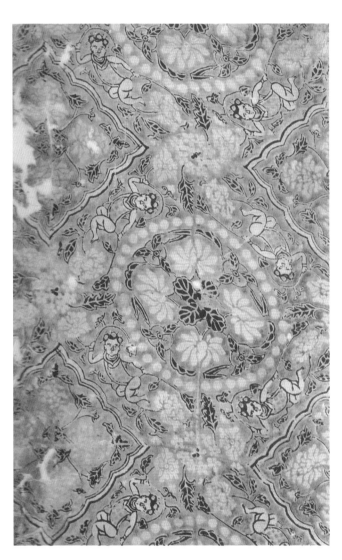

图6-2西夏方胜婴戏印花绢

图6-4 元缂丝曼荼罗唐卡

图6-3 元太极纹织金锦

图6-5 元织金锦上所织工匠姓名